L'horizon des sciences en Afrique

Publications Universitaires Européennes
European University Studies
Europäische Hochschulschriften

Série XX
Philosophie

Series XX Reihe XX
Philosophy
Philosophie

Vol./Band 730

PETER LANG
Bern · Berlin · Bruxelles · Frankfurt am Main · New York · Oxford · Wien

Yaovi Akakpo

L'horizon des sciences en Afrique

PETER LANG
Bern · Berlin · Bruxelles · Frankfurt am Main · New York · Oxford · Wien

Information bibliographique publiée par «Die Deutsche Bibliothek»
«Die Deutsche Bibliothek» répertorie cette publication dans la «Deutsche National-bibliografie»; les données bibliographiques détaillées sont disponibles sur Internet sous ‹http://dnb.ddb.de›.

ISSN 0721-3417
ISBN 978-3-0343-0007-0

Editions scientifiques internationales,
Bern, Berlin, Bruxelles, Frankfurt am Main, New York, Wien, 2009
Hochfeldstrasse 32, CH-3012 Bern
info@peterlang.com, www.peterlang.com, www.peterlang.net

Imprimé en Allemagne

A Masilé

Table des matières

Introduction

L'expression «science et technologie au service du développement», qui était «la chose la mieux partagée» dans les premières décennies de l'ère postcoloniale, n'a pas entretenu que des illusions mais également des réalités dans les tiers-mondes.

Dans leur ouvrage[1], au sous-titre suffisamment révélateur *(«mirages du développement»)*, J.-J. Salomon et A. Lebeau ont parlé des «illusions du raccourci» du développement. Au rang de ces illusions figure en bonne place le credo euphorique, partagé jusqu'à la fin des années 70 du siècle passé, dans les Etats postcoloniaux, qui s'assurait de la capacité du «transport de technologie[2]» à réaliser «les sauts de mouton» ou les «bonds de kangourou», moyens par lesquels les pauvres du Sud pensaient rattraper, à très brève échéance, le niveau de développement des nations du Nord. En effet, les idéologies dominantes de l'après-deuxième guerre mondiale, la décolonisation et la guerre froide ont inspiré un contenu sémantique caricatural au développement.

J.-J. Salomon et A. Lebeau considèrent avec raison que c'est le discours occidental de la «courtoisie diplomatique» qui a inscrit dans le langage, pour désigner les nouveaux Etats indépendants (qui ont un niveau de développement rudimentaire), l'expression «pays en développement». Cette préférence terminologique est devenue autre chose qu'une simple commodité langagière diplomatique. Elle a fondé, pensent J.-J. Salomon et A. Lebeau, un paradigme majeur de développement qui a servi de référence aux programmes de développement des néocolonies pendant toute la seconde moitié du XXe siècle. La philosophie de ce paradigme dominant est l'idée que les programmes de développement des pays, qui venaient d'accéder à la souveraineté internationale, seraient pragmatiquement réductibles à des raccourcis qui permettraient un rattrapage du niveau de développement du Nord par le Sud. Les tiers-mondes ont partagé massivement cette philosophie qui veut «forcer les

1 J.-J. Salomon et A. Lebeau, *L'écrivain public et l'ordinateur, les mirages du développement*, Paris, Hachette, 1998.

2 *Idem.*

étapes» du développement en donnant l'impression qu'on «pourrait le faire impunément». C'est dans cette logique qu'on avait cru qu'une mobilisation massive des brevets et licences, des technologies industrielles, la délocalisation des unités de production, des machines, du parc informatique… suffiraient pour asseoir les progrès économiques, sociaux, culturels dont les nations pauvres meublaient leurs rêves légitimes. La réalité des éléphants blancs, la gestion chaotique des entreprises, la persistance des programmes d'ajustement structurel dans des nations du Sud dont celles d'Afrique, ont donné la preuve que le credo «science et technologie au service du développement» a plutôt entretenu «la mystification du développement»[3]. C'est J.-J. Salomon et A. Lebeau qui ont récusé, avec le plus d'éloquence, ce qui, dans la volonté des tiers-mondes de se développer, n'a concrètement fonctionné que comme des idées reçues et mystificatrices, reproductrices du sous-développement:

> Idées reçues et mystificatrices: il est inexact qu'un effort de recherche fondamentale soit indispensable au développement, inexact que la technologie la plus avancée réponde aux besoins de la plupart des pays en développement; inexact que la révolution de l'information soit un raccourci pour rendre l'ensemble de l'économie plus productive, inexact que la priorité donnée à l'industrialisation soit la voie royale qui permette de relever les défis du développement. La vérité est qu'il n'y a pas de raccourci: le recours à la science et à la technologie est (éventuellement) un moyen d'accélérer le processus de modernisation dans un secteur isolé du reste de la société, il ne dispense aucune société d'affronter dans la durée toutes les conditions qui restent à remplir pour sortir du sous-développement[4] […]. Le raccourci du développement, ce n'est jamais la science et la technologie en tant que telles, mais le développement lui-même[5].

Ce qui est mis en cause ici, ce n'est ni la volonté des nations pauvres de développer la recherche fondamentale, ni l'obligation pour elles de s'industrialiser, ni la nécessité pour elles de prendre leur part dans la révolution de l'information. Ce qui est visiblement récusé, c'est la perception positiviste, c'est-à-dire réductionniste, et par conséquent irréaliste, du développement scientifique et technologique, qui laisse, à tort, l'impression que celui-ci pouvait se passer de son ethos social, histo-

3 P. G. Nakoulima, «La mystification du développement», *Mosaïque*, n°1, Lomé, 2003.

4 J.-J. Salomon et A. Lebeau, *op. cit.*, p. 211.

5 J.-J. Salomon et A. Lebeau, *op. cit.*, p. 15.

rique, culturel. C'est dire qu'au-delà de ce positivisme, réducteur de la complexité du développement, le désir des nations émergentes de conquérir les sciences et les technologies trouve sa légitimité dans le projet du développement lui-même, jamais en marge de celui-ci.

Il y a un lien réel entre savoir et développement. Ce lien s'affirme progressivement, dans la vie des sociétés modernes, comme un renforcement, toujours accru, du rapport dialectique entre recherche fondamentale et recherche appliquée. L'idée qu'on se faisait traditionnellement de la science, donnait à celle-ci l'image d'un savoir pur, noble, prestigieux, cultivé à la seule fin de l'honneur de découvrir la vérité. C'est connu, dans l'antiquité grecque, la science est entendue comme *théoria*, œuvre d'homme libre. La science la plus élevée est, chez Platon par exemple, contemplation, laquelle demande à la raison une ascension dialectique, c'est-à-dire l'arrachement du sage au monde sensible et pratique. Ceci pour permettre au sage lui-même de contempler les formes pures ou les idées pures. La connaissance contemplative se distingue à la fois de *la technè* (tâche des esclaves) et du commerce du savoir (œuvre des sophistes). On peut dire que cette conception antique du savoir est une première version de ce qu'on peut se permettre d'appeler une conception puritaine de la science qui proscrit la recherche appliquée des perspectives de la recherche fondamentale. Une autre version de cette représentation puritaine de la science est celle qu'on trouve dans *L'avenir de la science* d'Ernest Renan. Pour ce dernier, le soutien de l'Etat à la science ne doit pas impliquer la soumission de la vocation du scientifique aux impératifs du politique. Renan écrit en effet:

> l'Etat peut même moins, en un sens, sur la science que sur les religions; car à celles-ci il peut du moins imposer quelques règlements de police; au lieu qu'il ne peut rien, absolument rien, sur la science.[6]

En voulant éviter, à la science, son aliénation à des objectifs autres que les siens propres, Ernest Renan s'est fait l'apôtre du «laissez faire» scientifique.

L'image contemporaine du savoir n'est ni celle d'une science contemplative, ni celle d'une science pure qui progresserait à l'abri des de-

6 E. Renan, *L'avenir de la science*, Paris, Calmann-Lévy, 1890, p. 253.

siderata économiques, politiques... «Le système de la recherche»[7] s'affirme de plus en plus, et ceci dans la logique du paradigme de la modernité, comme un va-et-vient dialectique entre la recherche fondamentale et la recherche appliquée. Dans des sociétés où l'affirmation de la puissance souveraine reste redevable à l'économie, à la défense, à la politique d'Etat, la connaissance porte la volonté de transformer et de dominer la nature. On peut ici dire avec J.-J. Salomon que «comme la frontière entre science pure et recherche appliquée s'est effacée, celle qui sépare le savoir de son utilisation s'est abolie»[8].

L'abolition de la frontière entre recherche fondamentale et recherche appliquée semble éclairer le rapport entre science et développement. C'est que la volonté d'être comme maître et possesseur de la nature induit, selon René Descartes, l'utilité de la connaissance, c'est-à-dire l'application de la connaissance à l'amélioration de la vie de l'homme et de la société.

A ce titre, le lien, que les nations postcoloniales entrevoient entre les savoirs, les savoir-faire nouveaux et le processus du développement, paraît naturel et réel. S'il nous faut accorder de l'importance à la réalité de ce lien, c'est parce que l'on doit reconnaître le statut et le rôle impératif, ou le «primat fonctionnel» des sciences et technologies (la recherche) dans la fatalité du développement des nations modernes et contemporaines. Il ne nous paraît pas nécessaire de nous fixer sur la notion du développement au travers de l'inventaire de ses définitions. C'est que l'impératif de se développer que les nations contemporaines semblent, à l'unanimité, partager, n'est qu'une extension du projet de maîtrise rationnelle de la nature pour la félicité de l'homme et de la société. Dans la perspective de la modernité, le bonheur de l'homme reste inséparable du double besoin de disposer techniquement des choses et de la transparence des choses à l'homme lui-même. C'est là l'exigence «de rationalisation», laquelle, selon Max Weber, caractérise le passage d'une société traditionnelle à une société moderne. L'œuvre de Weber[9] définit la société moderne en lui reconnaissant les caractéristiques que sont «la struc-

7 Une expression de J.-J. Salomon. C'est le titre du chapitre IV de *Science et Politique*, Paris, Economica, 1989. Voir pp. 127-156.

8 J.-J. Salomon, *op. cit.*, p. 20.

9 Cf. M. Weber: *L'éthique protestante et l'esprit du capitalisme*, Paris, Plon, 1964; *Le savant et le politique,* Paris, UGE, 1959; *Economie et société*, Paris, Plon, 1971; *Essai sur la théorie de la science*, Paris, Plon, 1992.

ture rationnelle du droit et de l'administration», la prévision calculée, l'organisation rationnelle du travail et de l'entreprise, le profit, la rentabilité. Ces caractéristiques symbolisent les mutations modernes de l'organisation politico-juridique, de l'économie et de la culture. Il n'y a pas d'expérience nationale de développement qui ne s'en réfère explicitement ou implicitement.

L'on peut ainsi dire que les processus de développement des nations contemporaines sont des formules variées de modernité, de rationalisation coordonnée de sous-systèmes sociaux que sont la production, l'échange, le droit, le savoir, la culture, etc.

Nous comprenons donc les expériences de développement, plus simplement et plus originellement, comme des incarnations particulières, contextuelles, toujours révisables, du «projet inachevé[10]» de modernité. Dans son article «La modernité, un projet inachevé», J. Habermas parle du caractère inachevé du projet d'Etat de droit ou de démocratie. Mais l'on sait qu'en général l'œuvre habermassienne conçoit l'histoire des sociétés modernes comme un processus «évolutionnaire» dont l'horizon demeure toujours ouvert. Dans ses *Ecrits politiques*[11], précisément au chapitre septième, «La crise de l'Etat-providence et l'épanouissement des énergies utopiques», Habermas comprend la réalisation de la modernité comme une dialectique évolutionnaire qui abrite l'Histoire et l'utopie. L'utopie est ce qui ouvre l'horizon de l'Histoire et évite donc à celle-ci sa clôture. Il est vrai que la notion de développement, selon sa connotation et sa dénotation dans les expressions «pays développés», «pays sous-développés», est plus récente. Mais l'on doit reconnaître que son contenu sémantique authentique, la notion de développement le doit moins au contexte historique de la deuxième moitié du siècle dernier qui l'a galvaudée (ce à quoi nous avons fait allusion en prenant à témoin les auteurs de *L'Ecrivain public et l'Ordinateur*) qu'au projet de modernité. Le développement pourrait signifier également toute évolution sociale qui réalise la félicité de l'homme, comme victoire sans cesse croissante sur la misère de l'homme. Ce soubassement «évolutionnaire» et eudémoniste, aucune expérience de développement ne peut s'en écarter.

10 Selon une expression connue de J. Habermas, «La modernité, un projet inachevé», *Critiques*, n° 13 d'octobre 1981.

11 J. Habermas, *Ecrits politiques. Culture, droit, histoire*, Paris, Cerf, 1990.

Il faut donc reconnaître que son contenu contemporain, la notion de développement le doit plus aux contours essentiels, bien sûr pluriels et ouverts, de son projet (ou idée) de société, à son soubassement évolutionnaire eudémoniste qu'à l'après-deuxième guerre mondiale qui l'a galvaudée. Le projet de société qu'est le développement contemporain, dans sa matérialisation plurielle, ouverte ou inachevée, reste lié aux utopies occidentales, plus prononcées à partir du XVIIe siècle, en faveur d'une représentation inédite du bonheur de l'homme au cœur du progrès de la société.

C'est bien connu, cette nouvelle idée du bonheur de l'homme au cœur du progrès social est aussi bien une exigence de réforme politique (démocratie), économique, qu'un appel à une science, radicalement différente des savoirs anciens et/ou antiques. L'on peut convenir ainsi que le projet de société qu'est le développement comporte, primitivement et donc authentiquement, l'appel à la révision du savoir comme une exigence impérative et essentielle. Le développement contemporain, compris comme engagement social dans le projet inachevé de modernité, reste, partout dans la contemporanéité, assez redevable aux instruments d'affirmation de la puissance des nations, instruments parmi lesquels figurent en bonne place les sciences, les technologies, la recherche ou le travail intellectuel en général.

L'idée de développement que partagent les utopies légitimes des nations émergentes dont celles d'Afrique devrait réserver nécessairement à la recherche la position indiscutable qu'elle a fini par occuper, partout, dans la production contemporaine, la reproduction sociale, l'Histoire. On peut trouver parfaitement légitime que des Etats comme ceux d'Afrique, qui continuent de s'empêtrer dans un sous-développement déshumanisant (dont une des marques distinctives est l'impuissance de l'homme et de la société face à la famine, aux catastrophes naturelles, aux endémies, aux pandémies…), placent des espoirs dans les sciences et les technologies pour espérer relever des défis majeurs de développement.

Les illusions et les réalités (ou la légitimité) du slogan «science et technologie au service du développement», en raison de tout ce qui précède, sont à considérer comme les deux faces d'une même monnaie. Ce qui fait des sciences et technologies ou de la recherche des réalités co-naturelles au développement contemporain, peut se convertir en mécanisme de reproduction du sous-développement lorsqu'il est perdu de vue le projet de société qu'incarnent les expressions particulières du choix de la modernité. C'est qu'au fond, en reposant les ambitions scientifiques et technologiques des nations postcoloniales sur la légitimité du développement, entendu comme engagement social dans le projet inachevé de modernité, il est sous-entendu que seule une dynamique d'évolution de la société, en tant que projet moderne, peut soutenir et assumer l'impératif des progrès scientifiques et technologiques.

En vérité, les nations en quête de développement ont compris cette leçon de l'Histoire depuis la fin des années 80 du siècle passé. A partir des réalités de la conférence de Vienne[12] de 1979, les tiers-mondes ont pris la mesure de l'hypothèse du transport des sciences et technologies, du Nord vers le Sud, sous forme de dons plus ou moins gratuits. On a donc compris à Vienne qu'il y a un prix social (structure, économie, politique) et culturel (normes, valeurs) auquel les ambitions de développement des nouveaux savoirs et savoir-faire sont tenus. La prise de conscience, par les gouvernants africains, des mirages du développement est ce que traduit le chapitre «Science et technologie» du *Plan d'Action de Lagos,* adopté en 1980 par la conférence des chefs d'Etat et de gouvernement de l'OUA, en disposant expressément:

> 115. Le sommet a pris note de l'historique et de l'évolution des procédures de négociation ainsi que du résultat final de la conférence des Nations Unies sur la science et la technologie au service du développement (CNUSTD).
>
> 116. La conclusion inévitable à laquelle les Etats membres sont parvenus est que la conférence n'a atteint qu'une partie de ses objectifs et que le programme d'action de Vienne laisse beaucoup à désirer[13].

Malgré cette prise de conscience, par les gouvernants africains, des illusions de l'idée de transfert des sciences et technologies, il demeure toujours réel que l'empêtrement persistant dans le sous-développement, qui a réduit la gouvernance, en Afrique, à sa seule et simple expression de gestion du quotidien ou des priorités conjoncturelles, a également relégué l'idée de prix social et culturel de tout développement, au rang des impératifs surannés, au mieux, au rang des priorités secondaires et facul-

12 Nous faisons allusion à la Conférence des Nations Unies sur la science et la technologie au service du développement (CNUSTD), tenue à Vienne en 1979.

13 *Plan d'Action de Lagos pour le développement économique de l'Afrique 1980-2000*, Genève, Institut international d'études sociales, 1982, p. 69.

tatives. L'engagement des lois africaines contre les libertés intellectuelles, l'application des mesures d'ajustement structurel aux institutions d'enseignement supérieur et de recherche, les budgets anecdotiques de la recherche sont quelques illustrations d'une certaine gouvernance, malheureusement encore dominante, qui croit au lien entre sciences, technologies et développement sans concrètement prendre des mesures d'appui.

Aussi, le rappel récurrent, qui postule l'impératif d'un prix social, culturel du développement en général, et du développement scientifique et technologique en particulier, continue-t-il d'être une thématique privilégiée de la théorie critique[14] qui est en passe de dominer la littérature africaine sur le développement.

L'analyse critique du développement, en persistant dans le rappel d'un coût social et culturel des ambitions scientifiques et technologiques, doit prendre garde à une substantialisation de l'emballage social et de la «culture du développement». Certains théoriciens du développement africain, dont le philosophe camerounais Marcien Towa, ont pensé que le changement social et culturel, auquel la révolution africaine serait redevable, se réduirait à la substitution de «l'esprit de l'Europe, secret de sa puissance» aux «idoles traditionnelles»[15]. En fait, les expériences et les «faits de développement» montrent que les choses ne sont pas si simples. Car les expériences de développement montrent précisément que la référence partagée au projet de modernité n'a induit, ni en Europe, ni en Amérique, ni en Asie, le choix d'un paradigme social et culturel qui se justifierait au-dessus de l'espace et du temps. Cette réalité du développement rend compte plutôt de la pluralité et de la mutabilité continue des «mille sentiers de l'avenir» (pour employer une expression de Jacques Lesourne). Se conçoit l'appréhension de l'horizon des sciences en Afrique, en référence aux mutations majeures qui caractérisent les normes, les structures, les cultures de nos sociétés contemporaines.

14 Quelques titres collectifs africains qui incarnent la théorie critique du développement: J. Ki-Zerbo (sous dir.), *La natte des autres, pour un développement endogène en Afrique*, Dakar, Codesria, 1992; S.B. Diagne (sous dir.), *La culture du développement*, Dakar, Codesria, 1991. La notion de culture du développement est une thématique privilégiée du philosophe sénégalais.

15 Nous y reviendrons.

Problématique

Il y a des difficultés multidimensionnelles que rencontrent, de manière persistante, la production et le transfert ou la valorisation des savoirs et savoir-faire. Malgré ces difficultés, les dynamiques internes des expériences nationales de recherche (multiplication particulièrement rapide des institutions universitaires, des instituts supérieurs, la croissance exponentielle des effectifs des étudiants et diplômés, l'évolution quantitative et qualitative du potentiel humain de la recherche, les résultats réels sectoriels agronomiques et vétérinaires) indiquent que le sous-développement scientifique et technologique n'est pas une fatalité pour les Etats postcoloniaux d'Afrique, en pleine mutation. Les «mille sentiers» de l'engagement africain dans le projet inachevé de modernité ne peuvent s'isoler du projet de la science moderne qui se planétarise ou se globalise. A quels prix, alors, les traditions sociales africaines auxquelles le projet moderne des sciences et technologies était d'abord étranger, peuvent-elles faire de celui-ci une composante essentielle de leur destin contemporain?

Ainsi formulé, le problème majeur de ce travail semble introduire une problématique qui n'est visiblement plus, tout entière, inédite mais qui peut toujours faire l'objet de reformulation utile[16].

Cette problématique repose sur l'hypothèse suivante: la nature conjoncturelle des obstacles ou des difficultés scientifiques et technologiques, les transformations socio-culturelles qui semblent aller de pair avec les nouveaux savoirs et savoir-faire, paraissent révéler aux acteurs des politiques africaines, les potentialités structurelles ou infrastructurelles, normatives, culturelles ou superstructurelles, véritables *ethos* endogènes prérequis pour les traditions émergentes de recherche.

16 L'un des paradigmes épistémologiques qui sont en passe d'être dominants dans les théories africaines de développement en général et du développement de la recherche en particulier, est sans doute l'idée ou l'exigence d'endogénéité de tout développement. La singularité, c'est qu'il faut reconnaître aux potentialités endogènes requises leur caractère révisable en raison des mutations dont elles font l'objet. Cette singularité, c'est la relativisation des expériences de modernisation scientifique et technologique comme alternative à la faillite de l'idée de modèle universel.

La réflexion épistémologique qui doit lire, à partir des problèmes réels et des mutations des sociétés, les prérequis structurels et normatifs de l'émergence ou de la renaissance scientifique en Afrique, tient sa singularité, par ailleurs, d'une dette méthodologique.

Traditionnellement, l'épistémologie réfère difficilement la dynamique interne d'évolution intellectuelle et/ou scientifique aux dynamiques d'évolution des sociétés. L'histoire de la société n'expliquerait ni le savant, ni ses idées. Alexandre Koyré est sans doute un défenseur radical de cette vision qui évite d'admettre que les idées scientifiques soient redevables aux contextes sociaux externes:

> Aussi paraît-il vain, écrit Koyré, de vouloir déduire la science grecque de la structure sociale de la cité, ou de l'agora. Athènes n'explique pas Eudoxe; ni Platon... Pas plus que Syracuse n'explique Archimède; ou Florence Galilée. Je crois pour ma part qu'il en est de même de notre temps [...]. Ce n'est pas la structure sociale de l'Angleterre du XVIIe siècle qui peut nous expliquer Newton, pas plus que celle de la Russie de Nicolas 1er ne peut jeter une lumière sur l'œuvre de Lobatchevski. C'est là une entreprise entièrement chimérique, tout aussi chimérique que de vouloir prédire l'évolution future de la science ou des sciences en fonction de la structure sociale ou des structures sociales de notre société ou de nos sociétés[17].

Alexandre Koyré a une certaine idée de la science qu'il tient de Platon et d'Aristote. La science est *théoria.* Elle fait partie des «formes les plus hautes» des élaborations humaines et se démarque de la *technè.* De cette manière, il se conçoit, dans l'épistémologie d'Alexandre Koyré, une histoire des sciences comme évolution autonome des idées elles-mêmes. Le «contexte de la découverte» n'exclut pas les éléments «trans-scientifiques» ou «extra-scientifiques», mais il est, à proprement parler chez Alexandre Koyré, le «cadre spirituel» ou le «cadre métaphysique», fait de positions scientifiques, métaphysico-théologiques, philosophiques, bref des idées qui opposent ou rassemblent les savants. C'est pourquoi, pour rendre compte des mutations profondes dont la mécanique classique est porteuse, Alexandre Koyré se réfère à une histoire de la vie des idées ou de l'évolution des idées, laquelle montre la déconstruction lente et progressive des positions intellectuelles, spirituelles du «monde clos», «saturé» et «hiérarchisé» des Grecs au profit du cadre

17 A. Koyré, *Etudes d'histoire de la pensée scientifique*, Paris, P.U.F., 1966, p. 360.

intellectuel de «l'univers infini». Le monde clos et l'univers infini s'opposent en tant que deux univers intellectuels antithétiques.

Alexandre Koyré a, sans doute, une conception idéaliste qui fait de l'histoire des sciences une pure extension de l'histoire des idées. Si le passage de la physique ancienne à la mécanique classique a pu s'accommoder, sans soulever trop de problèmes, d'une pure histoire d'évolution des idées en Occident, il paraît plus difficile de comprendre les diverses nouvelles aventures et les progrès spectaculaires des sciences et technologies sans considération des enjeux politiques, économiques, des bouleversements sociaux, culturels au centre desquels se situe tout travail intellectuel. On ne peut plus sous-estimer le rôle majeur des gigantesques moyens structurels, matériels, financiers publics ou privés dans la renommée des hommes de science et les résultats obtenus. Il apparaît que les savoirs et savoir-faire contemporains, dans leur dynamique propre, ne se passent plus de l'*ethos* socio-culturel avec lequel ils font corps.

C'est donc les aventures et enjeux des savoirs et savoir-faire contemporains essentiellement, qui justifient une histoire des sciences qui se prolonge en sociologie des sciences[18].

Les avantages méthodologiques que cela offre à l'épistémologie sont revendiqués ici dans les limites d'un postulat explicatif que l'on doit à Raymond Boudon: «intelligible, oui. Déterminé, non[19]». Revendiquer ce postulat explicatif, c'est reconnaître le besoin de s'écarter des écoles «qui donnaient mauvaise réputation à toute analyse sociale de la science»[20]. Bruno Latour trouve irrecevables et renvoie dos à dos une analyse fonctionnaliste – qui étudie la vie institutionnelle des sciences

18 Le terme sociologie de la science est d'invention mertonienne. La thèse de Robert King Merton est une analyse sociologique des conditions d'émergence de la science moderne au XVII^{è} siècle anglais. *Cf.* Harriet Zukerman «Sociology of science», in Smelser Neil (Ed.), *Handbook of sociology*, London, Sages publications, 1998. De nos jours la sociologie des sciences a gagné du terrain auprès des philosophes, sociologues, économistes, anthropologues, scientifiques. Dominée à ses débuts par deux écoles (l'Ecole américaine mertonienne et l'Ecole marxiste), la sociologie des sciences est désormais riche dans sa diversité.

19 *Cf.* R. Boudon, *Effets pervers et ordre social*, Paris, P.U.F. (2e édition), voir surtout le chapitre VII où l'auteur examine et critique les différents paradigmes déterministes en sociologie.

20 *Cf.* l'ouvrage collectif, M. Callon, B. Latour, *La science telle qu'elle se fait*, Paris, La Découverte, 1991.

sans se préoccuper du contenu de la connaissance – et une analyse marxiste qui a du mal à reconnaître aux sciences leur spécificité. A la logique externalisme/internalisme[21], plus recevable en sociologie, Bruno Latour oppose la logique de la traduction[22], qui paraît, pour nous, plus apte à rendre intelligible la complexité du contexte de la découverte, et des modalités du développement des sciences et technologies. De Bruno Latour, nous retenons la particularité méthodologique qui demande qu'on étudie les faits scientifiques – et nous ajoutons les nouvelles aventures des sciences – en replaçant «les questions qui les préoccupent sur la base empirique qui permette de les traiter: l'étude de terrain»[23]. Nous sommes en présence d'une approche épistémologique complexe qui prend acte de l'inventaire empirique des faits de développement scientifique sans s'enliser dans la sociologie.

Cette approche peut être particulièrement opératoire dans l'élucidation épistémologique des modèles et des modalités de développement scientifique et technologique. Car ce que requiert méthodologiquement l'intelligence des «mille sentiers» de développement des sciences et technologies, c'est la reconnaissance de la pluralité des expériences d'engagement social dans le projet de modernité. Ce qui fait que la réflexion épistémologique sur les traditions scientifiques émergentes ne peut objectivement se passer de la diversité de ce que Jean-Pierre Olivier de Sardan appelle des «faits de développement»: normes hétérogènes, cultures et sous-cultures hétérogènes, systèmes de valeurs hétérogènes, systèmes de savoirs hétérogènes, représentations, systèmes d'actions, stratégies et logiques sociales[24]...

L'épistémologie des traditions contemporaines émergentes des sciences et technologies (elles sont une composante centrale du destin des nations postcoloniales africaines) doit prendre acte de la complexité des processus d'engagement social dans le projet de modernité par la médiation d'une attention aux faits de développement scientifique et aux logiques des faits de développement scientifique. C'est pourquoi l'éluci-

21 B. Latour, *La science en action*, Paris, La Découverte, 1989, p. 261. Voir la figure 4.1.

22 *Idem.*

23 *Cf.* l'avertissement de B. Latour dans un ouvrage co-rédigé avec Steve Woolgar, *La vie de laboratoire*, Paris, La Découverte, 1988.

24 J.-P. Olivier de Sardan, *Anthropologie et développement, essai en socio-anthropologie du changement social*, Paris, Karthala, 1995, p. 47.

dation épistémologique des problèmes et perspectives de la réforme de l'esprit scientifique dans les Etats africains a nécessité, dans ce travail, le recours constant à certaines expériences nationales de développement scientifique et technologique, l'attention aux expériences économiques, juridiques, structurelles, culturelles des nations. Le risque d'enlisement dans l'empirisme et le réalisme primaire est surmonté par l'approche épistémologique plus sensible, au bout du compte, aux logiques complexes et profondes des changements scientifiques et technologiques qu'aux faits circonstanciels variés qui en sont les émanations particulières.

La prétention d'élucider l'horizon des sciences en Afrique contemporaine se fonde donc sur des expériences nationales en matière de recherche, la situation des structures de la propriété intellectuelle/industrielle, la quantité et la qualité des résultats scientifiques, la situation des sciences sociales, des libertés intellectuelles, les normes et attitudes mentales émergentes et d'autres faits de développement et de mutation sociale.

L'approche qui élucide le destin des sciences et techniques ou l'horizon de la recherche à partir des mutations sociales, des expériences de développement, permet de structurer ce livre autour des axes suivants:

– De la logique du sous-développement scientifique: à partir de l'étude de quelques expériences africaines;
– Prospective d'une tradition de l'invention: le sens des mutations en cours;
– Postulats pour des politiques autoréférentiées de la recherche.

Première partie

De la logique du sous-développement scientifique: à partir de l'étude de quelques expériences africaines

Introduction

L'expression science africaine contemporaine nous semble désormais recevable sans restriction. Les travaux africanistes, les résultats scientifiques des instituts coloniaux, la multiplication des universités et instituts de recherche postcoloniaux, la croissance exponentielle du taux des diplômés et des travaux universitaires africains d'envergure comme les thèses, confortent la position selon laquelle la réalité d'une science africaine n'est plus réductible au savoir traditionnel que les sciences sociales n'ont pas fini d'inventorier. L'histoire et la sociologie des sciences et techniques, tout en récusant la réduction de la recherche africaine à son image de tigre de papier, n'autorisent pas de perdre de vue les problèmes objectifs auxquels celle-ci est confrontée. Les études des nouvelles traditions africaines de la recherche permettent de souligner qu'on ne peut penser en Afrique le devenir ou l'horizon des sciences sans mesurer le sens et la portée des résistances socio-culturelles qui ont valeur d'obstacle épistémologique. Dans les réalisations historiques et sociales de son projet «problématique de l'application»[25], la science moderne rencontre des obstacles à son transfert, obstacles liés, entre autres, au mode de production, au pouvoir, aux normes sociales. Autant d'obstacles dont certaines normes culturelles retracent la logique, celle d'un sous-développement scientifique. Cette première partie, consacrée à l'élucidation des obstacles à l'émergence, en Afrique, de nouvelles traditions de recherche, se fonde sur l'hypothèse que voici: les résistances sociales au projet des sciences modernes dont l'histoire et la sociologie peuvent rendre compte diversement, sont l'incarnation d'une totalité dont la culture est le sens.

25 Nous y reviendrons au chapitre premier de la deuxième partie.

Chapitre 1

Mode de production dominant, position marginale de la recherche africaine

On convient désormais que le travail intellectuel et les technosciences en particulier constituent la principale force productive dans les sociétés engagées dans le projet de modernité. Cette réalité fait que le procès du travail moderne institue de plus en plus une nouvelle dynamique productive qui rend inséparables capital et recherche. Pour dire plus concrètement: l'industrie doit sa rationalité productive performante aux laboratoires, au travail intellectuel; la vie du laboratoire tire beaucoup sa nouvelle dynamique créatrice et auto-créatrice de la position centrale qu'elle occupe dans le travail moderne et la décision. La singularité que les sociétés en voie de développement ont introduite est que la production se passe du travail scientifique immédiat. Cette singularité, en Afrique contemporaine, a au moins deux illustrations:

- Un secteur de la production comme l'agriculture dont l'importance se mesure au rôle prépondérant qu'elle continue de jouer, en Afrique, dans les économies nationales et dans les besoins de subsistance des populations, reste largement dominé par des technologies rudimentaires, peu évolutives. Les recherches agronomiques et vétérinaires, même les plus adaptées, ont toujours très peu d'influence sur de larges secteurs de la production agropastorale dans beaucoup de pays africains.
- L'industrialisation des sociétés africaines demeure un processus de déconcentration, non seulement de capitaux, d'unités industrielles, de biens, mais également de savoir-faire technologique, d'expertise.

Dès lors les modalités de transfert de technologies, intimement liées au mode dominant de production, réservent aux traditions scientifiques qui émergent localement, une position comparable à celle de Robinson Crusoé, seul sur l'île déserte. Il nous semble que les modalités et les formules africaines dominantes en matière de transfert de technologies se révèlent comme obstacles à la dynamique des institutions scientifiques, constamment privées de la source vitale que devrait constituer pour elles le cadre économique immédiat.

Nous caractérisons cet obstacle épistémologique à la recherche africaine à partir de deux riches expériences nationales africaines: la Cellule Transfert de Technologie de l'Université de Lomé (nouvelle dénomination de l'ex-Université du Bénin à Lomé) et le Projet Technopole de Dakar.

1. L'expérience d'une cellule de transfert de technologie à Lomé

C'est en termes d'obstacles épistémologiques qu'il faut caractériser la nature des épreuves et des expériences du partenariat que l'Université de Lomé a programmé, depuis 1998, d'entretenir avec les entreprises locales. La question qui semble éclairer la nature des épreuves de cette expérience de partenariat université/entreprise paraît la suivante: pourquoi, malgré les ressources humaines et les expertises nécessaires que l'Université de Lomé affirme qu'elle peut mettre à la disposition des entreprises ou opérateurs économiques locaux, la Cellule Transfert de Technologie qui est, selon les termes officiels de la Direction universitaire de la Recherche, le lieu privilégié de «rencontre chercheur/entrepreneur», a plutôt du plomb dans l'aile depuis sa mise sur pied en 1998? Ou, pour reformuler dans des termes plus concrets la question: pourquoi la Cellule Transfert de Technologie a du mal à «assurer l'interface université/entreprise», à réaliser «des prestations de service par la vente de la compétence et de l'expertise»?

L'intérêt épistémologique de ces interrogations, nous nous devons de le souligner, vient de ce que l'empêtrement du partenariat recherche/entreprise dans un contexte marginal de l'économie dominante, comme celui qui est ici considéré, n'est pas strictement lié à une carence en résultats ou à une absence de dynamique scientifique dans les institutions de recherche. Les réticences psychologiques, d'un côté, des entrepreneurs à investir sur la base des résultats scientifiques locaux, et, de l'autre, les problèmes qu'ont les équipes universitaires locales à tirer avantage de leurs inventions, sont liés au mode dominant de production économique dans les pays sous-développés.

Pour soutenir rigoureusement que ce problème n'est pas strictement lié à une absence de résultats, il ne serait pas inutile d'inventorier, d'abord et à titre d'exemple, ce que les discours officiels appellent l'émulation scientifique générale dans les Facultés, Instituts et Ecoles de l'Université de Lomé.

1.1 L'inventaire d'une dynamique scientifique

La dynamique de la vie scientifique qui semble devenir la chose la mieux partagée par l'ensemble des filières universitaires est mesurable suivant plusieurs angles d'appréciation.

Sur la base d'une enquête[26] réalisée en 1998 par la Direction de la Recherche Scientifique de l'Université de Lomé, on note que dix-neuf laboratoires universitaires recensés ont affiché des résultats et «acquis majeurs» sans cesse croissants dans les domaines de l'agronomie, de l'ingénierie, de la chimie appliquée, de la physique, des technologies biologiques, de la santé et de la pharmacopée, du développement social, économique et culturel. Les équipes de recherche médicale, agronomique, de recherche en technologie biologique paraissent celles qui ont plus de résultat à leur actif.

L'inventaire[27] des projets et acquis scientifiques par filière universitaire, montre d'abord une ascendance, en résultat, des filières médicales, agronomiques, biologiques sur les filières de lettres et sciences sociales. Cet inventaire montre ensuite qu'à partir des années 80, l'émulation scientifique s'est généralisée à l'Université de Lomé.

26 L'Université de Lomé fait, à tout enseignant-chercheur, l'obligation de présentation des activités individuelles annuelles de recherche. L'enseignant-chercheur, à travers son rapport individuel de recherche, présente ses résultats acquis, ses publications, ses projets, ses participations à des colloques et séminaires scientifiques, les problèmes rencontrés. Ces rapports individuels d'activité scientifique ne sont pas les sources privilégiées qui ont permis la réalisation du *Répertoire des enseignants-chercheurs de l'Université du Bénin* (DRS-UB, *Répertoire*, Lomé, Imprimerie de l'Horizon), 1998. *Le Répertoire* est reconnu non-exhaustif.

27 *Université du Bénin de 1970 à 1995*, Lomé, Presses de l'UB, 1996.

- On note qu'à la Faculté des Lettres et Sciences Humaines, il existe une dizaine d'unités de recherche spécialisées dans l'étude des traditions orales, l'étude et la traduction de langues nationales, l'histoire des Togolais et des villes du Togo, la dynamique des mutations économiques et sociales au Togo, l'érosion côtière et l'aménagement des vallées de fleuve, l'environnement, la culture. Beaucoup de projets de recherche ont abouti à des résultats grâce au concours financier de l'ORSTOM, du ministère français de l'éducation nationale, de l'UNESCO, de la CEDEAO, de l'ACCT...
- Les laboratoires de la Faculté des sciences et techniques s'illustrent essentiellement dans l'étude des propriétés pharmacodynamiques des extraits de plante, les huiles essentielles, la salubrité des aliments, l'étude de la flore, la potabilisation des eaux de surface, la mise en place des méthodes de lutte biologique contre les bruchidés déprédateurs des légumineuses, la géologie du Togo.
- L'Ecole Supérieure d'Agronomie qui partage avec la Faculté des Sciences quelques enseignants-chercheurs et thématiques de recherche a réalisé une série de travaux sur l'amélioration des plantes vivrières (le mil, le manioc), l'étude comparative des cultures vivrières locales et étrangères, l'amélioration de la fertilité des sols (lutte contre l'érosion des sols par les plantes de couverture, valorisation de résidus de récolte...), l'inventaire, l'étude de virus des cultures vivrières et recherche de variétés de cultures résistantes, l'amélioration de la production animale.
- A l'Ecole Supérieure des Techniques Biologiques et Alimentaires, on a obtenu des résultats dans le contrôle de qualité des mets vendus sur les voies publiques, l'étude de la conservation des produits agroalimentaires, la transformation des fruits et légumes locaux en alcool (alcool de tomate par exemple), essai de fabrication de viande avec le soja.
- La Faculté Mixte de Médecine et de Pharmacie et l'Ecole des Assistants Médicaux, affiche d'importants résultats dans plusieurs domaines: la pédiatrie, le VIH, la morbidité et la mortalité, la drépanocytose, l'automédicamentation, le paludisme.
- L'Ecole Nationale Supérieure d'Ingénieur dispose de quelques acquis scientifiques: la transformation de ressources locales, l'étude de pollution des nappes phréatiques, le recyclage des huiles de vidange, la participation des équipes de l'école à la construction du

barrage de Nangbéto, du deuxième môle du port autonome de Lomé.

- A l'Institut National des Sciences de l'Education, les thèmes de recherche et les résultats portent sur l'éducation traditionnelle, les pratiques pédagogiques modernes, l'étude de la structure mentale de l'enfant.
- Selon un rapport, publié[28] en 2008 par Y. M. Gumedzoe, sur «l'état de la recherche scientifique et technologique à l'Université de Lomé», les résultats scientifiques obtenus à la Faculté de Droit s'inscrivent dans une diversité de pistes thématiques, notamment: la polygamie dans le droit patrimonial de la famille, l'apport de la jurisprudence constitutionnelle africaine dans la consolidation de la démocratie, le néoconstitutionalisme, le nouveau protectorat international.
- Selon le même rapport, la recherche à la Faculté des Sciences Economiques et de Gestion, et à l'Institut Universitaire de Technologie de Gestion, tourne autour des centres d'intérêt thématique dont les principaux sont: aide publique au développement et croissance, gouvernance et croissance, libéralisation commerciale et croissance, politique fiscale et croissance, le commerce des services, la pauvreté.

Cet inventaire[29] des résultats, sur la base des documents et données obtenus auprès des sources indiquées, ne permet d'apprécier ni la taille des travaux, ni l'envergure scientifique des résultats obtenus. C'est pourquoi il est il est besoin de confronter ces données, en dernière analyse, avec les tableaux d'inscription des enseignants-chercheurs sur les listes de reconnaissance scientifique et académique. Car, dans un contexte comme celui-ci, où les rapports et statistiques sur les travaux et publications scientifiques n'ont pas de termes objectifs de référence pouvant per-

28 *Cf.* Y. M. Gumedzoe, «L'état de la recherche scientifique et technologique à l'Université de Lomé», *Campus Actualités. Journal d'information de l'Université de Lomé,* n° 17, Lomé, 2008, p. 14.

29 Nous avons fait le choix de présenter un inventaire succinct des résultats dans le seul objectif de convenir que la dynamique scientifique des institutions universitaires africaines, tout en demeurant embryonnaire (comparativement à la vie scientifique des institutions occidentales et asiatiques) ne peut plus être considérée comme inexistante.

mettre de mesurer leur qualité, seuls les critères de reconnaissance scientifique des institutions académiques comme le CAMES (Conseil Africain et Malgache de l'Enseignement Supérieur) et d'autres institutions homologues permettent de donner une mesure quantitative et qualitative plus convaincante des résultats scientifiques. Les tableaux suivants, indiquant les statistiques sur l'inscription des enseignants-chercheurs de l'Université de Lomé sur les listes d'aptitude du CAMES (par grade et/ou par filière), donnent une image quantitative et qualitative de l'allure de l'émulation scientifique générale dont on dit qu'elle caractérise de plus en plus les diverses filières de cette Université du Togo.

Tableau 1: Effectifs cumulés des enseignants-chercheurs par grade et par filière

Années	FLESH			FDS			FMMP			ESA			ESTEBA		
	MA	MC	PT	MA	MC	PT	MA	MC	PT	MA	MC	PT	MA	MC	PT
1970															
1971					6	5									
1972				5	6	9								1	2
1973	6			8	4	8									
1974		1		9	7	7		4							
1975	4			5	8	6		7	1				2		
1976	12	1		9	9	9		7	1				4	1	2
1977	12	1		8	12	2		9	4	2			6	1	
1978	8	2		6	7	2		13	4	3			6	2	
1979	9	1		8	8	1		11	5	6			6	2	
1980	8	2	1	13	6	2		10	6	8			6	2	
1981	8	2		17	7	5		11	6	8			7	2	1
1982	9	2	1	21	8	6		12	5	9			8	5	1
1983	9	4		16	7	2		12	5	9			8	4	1
1984	10	3		12	5	3		12	5	9			8	4	1
1985	14	5		16	4	4		8	8	9			8	3	1
1986	17	5		17	5	3		6	13	11			8	2	2
1987	20	6		20	5	6		13	14	11			7	2	2
1988	20	6		21	5	6		12	14	11			7	1	2
1989	24	5		26	4	6		13	10	11			6	2	2
1990	24	4		27	9	8		13	10	11			6	2	2
1991	26	3		36	10	11	3	15	9	11			5	1	3
1992	28	2	1	35	17	8	3	13	10	11			5	1	3
1993	30	3	1	28	11	5	4	12	11	13	1		5	2	3
1994	33	3	1	34	11	2	4	14	10	13	1		6	2	3
1995					9	2	9	10	15	13	2		6	4	4

Source: Direction des Affaires Académiques et de la Scolarité de l'Université de Lomé.
Légende: FLESH: Faculté des Lettres et Sciences Humaines; FDS: Faculté des Sciences; FMMP: Faculté Mixte de Médecine et Pharmacie; ESA: Ecole Supérieure d'Agronomie; ESTEBA: Ecole Supérieure des Techniques Biologiques et Alimentaires; MA: Maître-Assistant; MC: Maître de Conférences; PT: Professeur Titulaire.

Le tableau n° 1 a besoin d'être complété pour plusieurs raisons. Il ne fournit pas de données sur la Faculté de Droit, ni sur la Faculté des Sciences Economiques et de Gestion. Il ne permet pas non plus d'apprécier les données après l'année 2004. Il faut souligner également qu'en réalité les enseignants-chercheurs de la faculté de médecine ne s'inscrivent pas sur la liste d'aptitude aux fonctions de maître de conférences. Ils passent plutôt le concours d'agrégation qui leur confère, en cas de réussite, le grade de professeur agrégé, équivalent du grade de maître de conférences du système CAMES. Pour ces raisons, le tableau 1 est complété par les tableaux n°s 2, 3 et 4.

Tableau 2: Inscription des enseignants-chercheurs de l'Université de Lomé sur les listes d'aptitude du CAMES (par spécialité et par grade), Période 1994-2008

Années	Lettres et Sciences Humaines			Sciences naturelles et agronomie			Mathématiques, physique et chimie			Sciences et techniques de l'ingénieur			Sciences de la santé		Sciences économiques et de gestion			Sciences juridiques		
	MA	MC	PT	MA	MC	PT	MA	MC	PT	MA	MC	PT	MA	PT	MA	MC	PT	MA	MC	PT
1994	7	0	0	5	2	1	3	0	0	0	0	0	3	2	2	0	0	1	0	0
1995	4	1	1	1	1	0	5	0	0	1	0	0	4	3	2	0	0	0	0	0
1996	2	1	1	3	0	0	10	0	0	0	0	0	2	1	1	0	0	5	0	0
1997	~	~	~	~	~	~	~	~	~	~	~	~	~	~	~	~	~	~	~	~
1998	4	1	1	2	0	2	3	1	1	0	0	0	2	0	1	0	0	2	0	0
1999	8	4	0	5	2	0	2	4	0	1	1	0	3	1	1	0	0	0	0	0
2000	7	0	0	6	2	1	2	1	0	0	0	0	1	1	0	0	0	3	0	0
2001	0	3	3	0	0	0	0	0	0	0	0	0	3	1	0	1	0	1	0	0
2002	6	0	0	2	0	0	0	1	0	0	0	0	5	0	0	0	0	0	0	0
2003	9	3	1	7	1	0	1	1	1	0	0	0	0	1	0	0	0	0	0	1
2004	2	2	0	1	2	0	0	3	0	0	0	0	1	3	0	0	0	0	0	0
2005	5	1	2	3	0	0	1	2	0	0	0	0	0	0	0	1	0	0	0	0
2006	5	2	0	3	0	0	1	0	1	0	2	1	6	5	1	0	0	1	0	0
2007	1	7	3	2	2	0	1	1	0	0	0	0	0	3	1	0	0	0	0	0
2008	7	1	1	3	1	0	0	1	0	1	1	0	7	1	0	0	0	0	0	0

Source des données: Direction des affaires académiques et de la scolarité de l'Université de Lomé.
~: Données inexistantes.
NB: Les enseignants-chercheurs des sciences médicales et de la santé ne s'inscrivent pas en réalité sur la liste d'aptitude aux fonctions de maître de conférences. C'est la réussite au concours d'agrégation qui leur confère un grade équivalent, celui de professeur agrégé. Quant aux enseignants-chercheurs en sciences juridiques et économiques, ils passent aussi bien le concours d'agrégation que les examens d'inscription sur la liste d'aptitudes aux fonctions de maître de conférences.

Tableau 3: Résultats de l'Université de Lomé aux divers concours d'agrégation organisés par le CAMES. Période 1996-2007

Années	Sciences de la santé		Sciences juridiques et économiques	
	Nombre de candidats	Nombre d'admis	Nombre de candidats	Nombre d'admis
1996	6	4		
1997			9	3
1998	7	6		
1999				1
2000	3	1		
2001			6	0
2002	6	3		
2003			4	0
2004	4	2		
2005			4	1
2006	2	2		
2007			7	4

Source des données: Direction des affaires académiques et de la scolarité de l'Université de Lomé.
NB: les deux concours d'agrégation sont organisés par le CAMES tous les deux ans et alternativement.

Tableau 4: Taux d'inscription des enseignants-chercheurs de l'Université de Lomé sur les listes d'aptitude du CAMES (Période 1978-2008)

Années	Nombre de candidats	Inscrit	
		Nombre	Taux (%)
1978	23	15	65,21
1979	18	11	61,11
1980	10	7	70
1981	18	8	44,44

1982	9	5	55,55
1983	17	11	64,7
1984	16	10	62,7
1985	22	11	50
1986	10	6	60
1987	11	5	45,45
1988	15	8	53,33
1989	17	8	47,05
1990	20	10	50
1991	11	4	36,36
1992	18	13	72,22
1993	16	11	68,75
1994	34	26	76,47
1995	44	24	54,54
1996	35	27	77,14
1997	21	18	85,71
1998	26	20	76,92
1999	35	32	91,42
2000	31	24	77,42
2001	18	12	66,66
2002	~	14	~
2003	30	26	86,66
2004	19	14	73,68
2005	21	15	71,43
2006	36	28	77,78
2007	28	21	75
2008	33	24	72,72

Source des données: Direction des affaires académiques et de la scolarité de l'Université de Lomé.

1.2 Présentation d'un contraste

Il faut dire d'un ton insistant que la visibilité, de plus en plus significative, des filières universitaires en résultats scientifiques – perceptible au travers de cet inventaire – contraste avec le manque d'engouement des entreprises locales à s'inscrire dans la logique du transfert des technologies locales. Il serait plus juste de dire que le piétinement du programme de la Cellule Transfert de Technologie est la réalité de ce contraste qu'il convient de caractériser empiriquement à présent.

La réalité est que, sur la base de l'enquête[30] menée en 1998 par la Direction de la Recherche de l'Université de Lomé, l'on remarque que le partenariat entre les laboratoires ou équipes universitaires de recherche et les entreprises locales est presque inexistant.

En effet, sur les dix-neuf laboratoires répertoriés en 1998 par la Direction de la Recherche de l'Université de Lomé, seuls sept ont pu amorcer un timide partenariat avec des opérateurs économiques. Ces laboratoires sont ceux dont les résultats portent sur l'amélioration de la qualité de l'eau, la pharmacopée, les huiles et essences végétales, la cosmétique. Le tableau n° 5 présente cette image d'un partenariat assez timide entre les équipes ou laboratoires universitaires de Lomé et les entreprises de la place.

Des entretiens que nous avons eus avec des chefs de laboratoires universitaires de Lomé permettent une description qualitative – plus expressive – des données quantitatives de ce tableau: certains des laboratoires qui ont déclaré être en relation avec le monde de l'entreprise sont ceux dont les chercheurs eux-mêmes se transforment en investisseurs. On peut citer le cas d'un laboratoire qui s'investit dans la production et la commercialisation des huiles essentielles, de produits pharmaceutiques. Ceci étant, il importe de souligner que ces expériences de valorisation de résultats scientifiques ne traduisent pas non plus un intérêt des entreprises locales à l'exploitation des travaux scientifiques nationaux. Ainsi que savent le répéter les chercheurs des institutions africaines, leurs résultats scientifiques sont, pour la plupart, dans les tiroirs. Les raisons avancées par les partenaires de la recherche dans cette passe difficile de la recherche et des programmes de son transfert dans un contexte comme celui du Togo sont légion.

30 Cette enquête de la direction universitaire de la recherche (Université du Bénin) a été réalisée sur la base d'un questionnaire revu en vue de réactualiser le *Répertoire des Enseignants-chercheurs*.

Tableau 5: Partenariat université/entreprise au Togo.

Nom du laboratoire ou de l'équipe	Nature des travaux	Relation avec les entreprises	
		Locales	Etrangères
Centre de gestion intégrée du littoral et de l'environnement	Erosion côtière	~	~
Laboratoire de virologie végétale	Inventaire et caractérisation des virus de plante	0	0
Zoologie et pisciculture	~	1	0
Centre de recherche sur les technologies endogènes	~	~	~
Laboratoire d'Agro - chimie	~	~	~
Laboratoire de chimie de l'eau	Caractérisation et traitement des eaux	1	0
Laboratoire de physiologie animale	Activités hypoglycémicantes de quelques plantes médicinales locales	1	1
Laboratoire physique des Matériaux et mécanique appliquée	Physique et chimie des matériaux composites des extraits d'huiles végétales et essentielles des fibres végétales	~	~
Laboratoire d'entomologie appliquée	Post-récolte et entomologie médicale	0	0
Laboratoire de chimie des ressources végétales	Huiles végétales, huiles essentielles	1	0
Laboratoire de bio-chimie /nutrition	Contrôle de qualité des aliments	0	0
Laboratoire de microbiologie	Hygiène des aliments	0	0
Laboratoire de chimie atmosphérique	Pollution de l'air	0	0
Laboratoire de culture in vitro	Biotechnologie	0	0
Centre de recherche et de formation sur les plantes médicinales	Valorisation des ressources végétales à des fins médicamenteuses	1	0
Laboratoire de chimie minérale Appliquée	Cosmétique	1	0
Laboratoire de Botanique et de biologie végétale	~	1	0
Laboratoire de physique et biophysique	~	0	0
Laboratoire des extraits végétaux et arômes	~	0	0

Source: Direction de la Recherche de l'Université de Lomé.
Légende: 1: Relation existante; 0: Relation inexistante; ~: Information inexistante.

D'abord, la timidité du partenariat recherche universitaire/entreprise, qui justifie l'enlisement de la Cellule Transfert de Technologie, traduirait la réticence psychologique des opérateurs économiques à signer des contrats d'exploitation de résultats scientifiques avec les laboratoires locaux. Les opérateurs économiques posent le problème de la viabilité de l'investissement sur la base des résultats locaux dont on n'a pas une exacte mesure de l'envergure. La Cellule n'a toujours pas gagné un seul contrat de vente d'expertise universitaire dans le cadre de sa collaboration avec le Conseil National du Patronat.

L'enlisement de la Cellule Transfert de Technologie traduit ensuite, selon le Patronat et la Structure Nationale de la Propriété Industrielle du Togo, un défaut de communication entre les investisseurs et les équipes universitaires de recherche. Ce défaut de communication est décrit sous plusieurs angles.

Les investisseurs locaux disent ignorer beaucoup de ce qui se passe dans les laboratoires et équipes universitaires de Lomé. Les laboratoires évoluent en vase clos. Breveter une invention n'est toujours pas encore la chose la mieux partagée des laboratoires universitaires locaux. Il demeure chez les chercheurs universitaires la peur que les inventions brevetées ne tombent dans le domaine d'utilisation publique faute de preneurs. Ce défaut de publicité des résultats et de l'expertise universitaires entretient une méconnaissance des opportunités d'investissement qu'offrent les laboratoires et équipes. Les investisseurs locaux ignorent, par exemple, que le Laboratoire des Extraits végétaux et Arômes Naturels de l'Université de Lomé a obtenu des résultats (extraction des huiles essentielles et aromatiques à partir des plantes locales) qui peuvent faire l'objet d'exploitation industrielle. Selon une étude réalisée par la Direction des Affaires Académiques et de la Scolarité de l'Université de Lomé:

> la production mondiale annuelle d'huiles essentielles est estimée à cinq cents tonnes pour une valeur d'environ un milliard de dollars, soit cinq cent milliards de francs CFA. La production des pays en développement représente 55% du total [...][31].

Les problèmes qu'a rencontrés la Cellule, reflètent enfin, et plus profondément, la nature et la qualité des industries locales.

31 DAAS, *Financement et gestion des établissements d'enseignement supérieur en Afrique. Le cas de l'Université du Bénin (Lomé-Togo)*, Lomé, Presses de l'UB, 1999, p. 47.

En effet, les industries rudimentaires (dont la capacité productive est très limitée) qui s'installent dans la zone franche togolaise produisent pour les consommateurs locaux l'offre qui leur venait de l'extérieur. Mieux dit, les industries togolaises reproduisent des modèles de biens de consommation, conçus pour le consommateur local, à partir d'un savoir-faire dominant que constituent les brevets et licences de grande audience. Il ne faut pas mésestimer la réalité économique selon laquelle toute décision d'investissement a besoin de l'assurance du meilleur profit. La logique du meilleur profit place les inventions locales souvent dans une position défavorable face aux brevets et licences de bonne audience. L'audience d'une invention n'est pas seulement liée à sa qualité ou à son utilité mais à sa capacité de créer le meilleur profit pour l'investisseur. On sait depuis Aristote qu'en économie, l'objectif de la production n'est pas de produire des biens pour leur valeur d'usage, mais pour leur valeur d'échange.

> Car tout bien peut servir à deux usages… l'un est propre à la chose en tant que telle, mais pas l'autre; ainsi une sandale peut servir de chaussure mais aussi d'objet d'échange. Il s'agit, dans les deux cas des valeurs d'usages de la sandale, car celui qui échange la sandale contre ce qui lui manque, des aliments par exemple, se sert lui aussi de la sandale[32].

Il semble donc vrai que les opérateurs économiques investissent peu dans la valorisation des technologies locales, faute de publicité pour les laboratoires qui les produisent. Il est tout aussi vrai que les inventions locales sont marginalisées par une industrie qui se spécialise dans la reproduction de modèles prêt-à-consommer issus des licences et brevets qui ont acquis plus de reconnaissance. Il est alors normal que les inventions locales défendent toujours difficilement leur valeur d'échange.

L'impasse des technopoles tropicaux corrobore cette version fondamentale des difficultés que rencontre le partenariat recherche/entreprise dans les sociétés dominées par des industries exogènes.

Ce contraste (existence de plus en plus significative de résultats scientifiques à l'Université et réticence des opérateurs économiques à investir à partir de ces résultats) semble expliquer pourquoi les zones franches et technopoles africains ne sont pas des consommateurs de la recherche locale.

32 Aristote, *De Republica,* Livre 1er, ch. 9, éd. I. Bekkeri, p. 13 et suivante.

2. Le Technopole de Dakar: contexte d'un programme et problèmes

2.1 *Contexte et ambition d'un projet de technopole*

Pour comprendre les problèmes objectifs que portait en germe le Projet Technopole de Dakar, il faudrait, nous semble-t-il, faire état du contexte d'émergence qui fut le sien.

Le terme même de technopole se définit comme une contraction ou une synergie de production scientifique ou technoscientifique pour et par la production économique des biens et services. Cela revient à préciser qu'à la différence de ce qu'on appelle pôle de conversion, zone d'entreprises, zone franche industrielle, un technopole se spécifie en principe par l'existence d'un noyau dur d'établissements d'enseignement et de recherche scientifique autour duquel sont établies des P.M.E. et P.M.I., des industries de hautes technologies. Ce sens est mieux défini par la version anglo-saxonne du terme technopole. Les Anglo-saxons préfèrent parler de *science parks* (parcs scientifiques). Ce qui signifie que la voie idéale de succès d'un technopole demeure la volonté d'inciter l'intelligence inventive ou la culture d'innovation i.e. d'orienter la production scientifique et technologique dans la dynamique économique. On a raison de penser que la philosophie des technopoles ou parcs scientifiques est analogue au rêve saint-simonien. Ce que R. Lavergne résumait, en écrivant:

> L'ensemble doit donner lieu à un bouillon de culture entre chercheurs et entreprises [...] et finalement un lieu de vie proche du rêve saint-simonien fondée sur la compétence et l'efficacité[33].

Programmer un parc scientifique ou technopole à Dakar en 1992 pouvait, au moins a priori, se comprendre dans le contexte des problèmes de développement, d'ambitions nationales et d'orientation des sciences et technologiques.

Il est établi qu'il existe au Sénégal un début d'émergence d'une communauté scientifique et de résultats scientifiques peu ou sous-

33 R. Lavergne, *Douze technologies d'aujourd'hui et demain*, Editeur Aditech, p. 72.

exploités, et mal soutenus financièrement. L'intelligence scientifique, en gestation au Sénégal, n'a toujours pas créé la richesse nationale, le développement prospère. L'on considère souvent que d'importants résultats sont demeurés sous-exploités «du fait notamment, d'une interaction insuffisante entre les besoins du développement et les projets de recherche[34]». L'ambition politique est de jeter de nouvelles bases

> [...] de coopération et de partenariat dynamiques qui intègrent les mécanismes de fertilisation croisée et transfert capable de sécréter à terme des projets nouveaux destinés surtout aux P.M.E/P.M.I. et de concevoir des filières de formation adaptées au développement[35] [et à] la transformation des conditions socio-économiques [des] populations[36].

En d'autres termes, peut-être plus expressifs, l'objectif du technopole de Dakar est de «ranimer, entre les universités, les instituts de recherche et les entrepreneurs cette convivialité, cette connivence créatrice...[37]». Ce qui est, en dernière analyse, une reprise de la philosophie qui est celle de l'*Exposition à la Place de l'Indépendance sur les Résultats de la Recherche du Sénégal* dans le cadre des manifestations du Sommet Francophone de Dakar sur l'environnement. A ce sommet, chercheurs, universitaires, entrepreneurs avaient pour objectif commun «de créer et d'organiser un lieu de vie où puissent se rencontrer l'intelligence spéculative du chercheur et celle active de l'entrepreneur».

C'est pour cette raison que la stratégie du Technopole de Dakar consiste

> [...] à créer un espace-rencontre en vue de favoriser une nouvelle race d'entrepreneurs, de relancer les investissements et l'emploi; contribuer à la formation dans tous les secteurs; appuyer financièrement les P.M.E/P.M.I.; améliorer la diffusion et la vulgarisation des résultats de recherche: générer de nouvelles ressources à partir des savoir-faire et des technologies locales, imaginer de nouveaux processus de production et inventer de nouveaux produits pour la création de ri-

34 *Cf.* Ministre de la Modernisation de l'Etat et de la Technologie, «Allocution d'ouverture aux Journées d'études du Conseil Scientifique du technopole de Dakar», 16-17 mai 1992.

35 *Idem.*

36 *Ibidem.*

37 *Cf. Exposé des Motifs du Projet de Loi portant Création et Statut du Technopole*, Dakar, 1992.

chesses nationales; impliquer le secteur privé dans le financement et la conduite des programmes de recherches utiles au développement[38].

Suivant le contexte d'émergence et l'idéal qui sont les siens (problèmes économiques, mauvaise gestion de la recherche scientifique, difficultés du transfert des technologies), on peut considérer en résumé que le programme du Technopole de Dakar est de redéfinir un cadre économique favorable au transfert des technologies locales.

En réalité, défini essentiellement comme «un nouvel outil de développement», le projet Technopole de Dakar veut se constituer comme un cadre national d'incitation et de promotion de la recherche technologique et appliquée. La recherche fondamentale devrait lui servir de base.

On comprend pourquoi, le Conseil Scientifique qui joue le rôle d'observatoire et qui est chargé de définir les orientations scientifiques du Technopole avait, au cours de son séminaire des 16-17 mai 1992, articulé l'essentiel du programme scientifique autour des domaines dans lesquels la recherche sénégalaise est de plus en plus visible: l'agro-alimentaire, la télécommunication et l'informatique, l'environnement et l'énergie, les plantes médicales et les industries pharmaceutiques. Chacun des domaines devrait constituer un noyau de recherche à la solde d'unités industrielles.

2.2 Problèmes d'un technopole en marge de son contexte

Le technopole de Dakar n'a pas amorcé les ambitions que la politique sénégalaise lui a attribuées à son stade de projet. Il importe, pour une bonne élucidation des problèmes de ce technopole africain, de préciser la spécificité des technopoles, redevable à la logique productive qui les a inventés à partir de la deuxième moitié du XXe siècle. En effet, les technopoles ont la particularité d'être nés «dans les années 1960, 1970 et surtout 1980, dans l'ensemble des pays industrialisés[39]». La carte mondiale des technopoles indique que le succès de ceux-ci est redevable à l'expansion économique des métropoles qui les abritent. La Silicon Valley californienne doit son succès à une économie florissante, à une mobi-

38 *Cf. La Stratégie du Technopole de Dakar*, Dakar, 1992, inédit.

39 M. Burnier et G. Lacroix, *Les technopoles*, Paris, PUF, 1996, p. 3.

lisation extraordinaire de capitaux à l'actif de la florissante industrie *high tech*. Des entreprises gigantesques comme Westinghouse, General Electric, Ford, IBM ont localisé depuis les années 1950 des centres de recherche dans la vallée. L'affluence des capitaux vers la Silicon Valley californienne est impressionnante:

> De 1955 à 1968, la production des semi-conducteurs pour la défense passe de 15 à 294 millions de dollars. Dans les années 1966, la Californie détient 44% des marchés de sous-traitance de la Nasa. De 1958 à 1974, les départements fédéraux consacrent 930 milliards de dollars à la recherche-développement dans les semiconducteurs [...][40].

Il existe aux USA, en France, en Allemagne, en Russie, en Asie, des villes technopolitaires. Nous avons cité un exemple extrême pour souligner la politique économique, mieux le modèle économique dont les technopoles sont l'émanation.

N'ayant toujours pas atteint ses ambitions, le technopole de Dakar peut donner lieu aux observations suivantes:

– Les technopoles ne peuvent être perçus comme une formule spectaculaire de succès dans un contexte économique qui peut se passer des savoir-faire locaux. Au Sénégal, tout comme dans d'autres pays d'Afrique, les capitaux financiers et la production économique s'appuient très peu sur la production nationale des savoirs et savoir-faire. Dans les universités et institutions sénégalaises de recherche, on ne peut, à proprement parler, se plaindre d'absence de résultats, mais plutôt de la timidité de l'exploitation économique des savoirs et savoir-faire. Dans les milieux universitaires sénégalais on résume cette situation par une formule bien connue en Afrique: «les résultats scientifiques dorment dans les tiroirs».
– Les technopoles, nés comme réponses aux problèmes d'une économie extrêmement moderne, ne peuvent épouser la logique d'une production économique rudimentaire. La production agricole sénégalaise (la filière arachidière), qui occupe une position de choix dans l'économie nationale, ne peut être comparée à l'agriculture technologiquement avancée, intimement liée à la recherche agro-industrielle constante. On peut comprendre, de ce point de vue, que

40 M. Brunier et G. Lacroix, *op. cit.*, pp. 42-43.

les travaux et résultats des institutions scientifiques comme l'Institut de Technologie Alimentaire, l'Institut Sénégalais de la Recherche Agronomique constituent un appui technique moins permanent que circonstanciel à la production agricole et à l'industrie agro-alimentaire. Ce n'est ni faute de résultats scientifiques, ni faute de disponibilité de ressources humaines qualifiées, que ces instituts jouent péniblement le rôle qui devrait leur revenir dans les mécanismes de production des biens et des services. On a l'impression que c'est plutôt le système économique sénégalais qui a du mal à rentabiliser les résultats scientifiques et les ressources intellectuelles.

- Les technopoles ne peuvent se positionner en marge d'une politique économique comme son complément étranger, doté de la capacité miraculeuse de son redressement rapide. Les technopoles eux-mêmes sont des composantes d'un modèle productif et d'une politique explicite. En tant que formule de transfert de technologie, les projets de technopole, dans les pays où le développement industriel et productif est toujours hésitant, auront du mal à se passer d'audacieuses politiques nationales et régionales de développement. Le Technopole de Dakar doit avoir objectivement du mal à honorer ses ambitions s'il n'est pas dans la dynamique d'une politique économique sénégalaise résolue à moderniser son appareil productif.

3. Une interprétation: misère des recherches locales dans l'espace productif des technologies dominantes

L'inventaire empirique des problèmes que le partenariat recherche/entreprise a encore du mal à surmonter dans les pays en développement aurait pu faire de l'option pour les zones franches et les technopoles des formules idéales proposées en matière de transfert de technologies endogènes. Car la logique des technopoles[41] et zones franches est de mettre

41 On peut regrouper «sous le terme générique de technopole des organisations, qui, sous des noms divers (parc technologique, parc scientifique, centre de technologie, parcs d'affaire et de technologie etc.), relèvent d'un même principe, le regroupe-

dans un même espace géographique tous les partenaires impliqués dans la production industrielle: les entreprises, les laboratoires et autres institutions de recherche et de formation. Ce qui est recherché, c'est un effet de synergie qui entretienne la dynamique productive locale et qui pourrait permettre de sortir les PME/PMI ainsi que les jeunes structures de recherche de l'emprise de la production dominante des multinationales. Les expériences américaines, européennes, russes, asiatiques de technopole sont assez concluantes[42]. Il nous paraît théoriquement utile de considérer que l'impasse d'un technopole tropical vient, au même titre que la situation inconfortable du partenariat recherche/entreprise, du mode de production périphérique dominant qui demeure un cadre inapproprié de valorisation des recherches locales.

3.1 Un recours au paradigme de l'application

Le recours au paradigme de l'application, dans l'objectif d'élucider la manière dont le mode dominant de production marginalise la recherche africaine, se justifie par les intérêts complexes et la nature de l'entreprise de la recherche moderne elle-même.

Première force productive immédiate, nouvel instrument de décision, repère normatif culturel, la science moderne comporte tellement d'enjeux que sa pratique est devenue une entreprise géante dont la performance se mesure à la dynamique des intérêts qu'elle suscite et entretient. Se trouvant donc au centre d'enjeux importants, par lui créés, le travail scientifique – *big science* –, pour se pourvoir en ressources humaines, matérielles, financières requises, ne peut plus se passer des puissants moyens d'Etat et des immenses capacités entrepreneuriales des capitaux privés. Disons rapidement, en prenant à témoin J.-J. Salomon, dans *Science et Politique,* dans le sens de cette réalité (avant d'y revenir en détail plus loin), que l'ère ouverte par la deuxième guerre mondiale a

---

ment dans une même zone géographique de tout ce qui relève de la haute technologie: entreprises de pointe, organismes de recherche, formations haut de gamme, tertiaire supérieur» (Michel Burnier et Guy Lacroix, *Les technopoles*, Paris, P.U.F., 1996, p. 4).

42 Pour les données, *cf.* M. Burnier et G. Lacroix qui ont fait, dans leur ouvrage ici cité, une étude panoramique des «technopoles de l'Ouest et de l'Est» (pp. 42-65).

illustré comment la quête de la sûreté de l'Etat a créé un contexte favorable à la recherche nucléaire, aux sciences de l'information. Contexte d'autant plus favorable à la science que ce sont les personnalités scientifiques de notoriété incontestable comme Albert Einstein, Niels Bohr, Robert Oppenheimer… qui ont laissé à cette époque leurs noms dans les archives de la Défense américaine. Ce contexte qui correspond à l'ère de la science militante, laquelle est homologable en ex-URSS à la recherche d'avant-garde des savants communistes, devient le contexte productif privilégié de *la big science*[43] et des technosciences. Le volume énorme des budgets étatiques alloués au travail scientifique, la signature des contrats de partenariat[44] entre entreprises et laboratoires ou équipes semblent justifier l'hypothèse que l'entreprise moderne de la recherche ne peut plus s'aventurer dans une vie autonome, affranchie de la rationalité technocratique et de la production ou du mode de production.

Dès lors, la non-maîtrise par certaines nations des mécanismes et moyens de production donne à leurs institutions scientifiques une image d'oiseaux «aux ailes coupées» selon la métaphore classique éloquente de Michael J. Moravcsik.

Le problème est donc le suivant: comment des sociétés qui ont de la peine à moderniser leurs normes organisationnelles ou politiques et qui vivent comme isolées de la production moderne, de l'économie de marché (deux réalités modernes qui sont intimement liées à la maîtrise de la production scientifique, à l'information, à sa diffusion, à son appropriation) peuvent-elles créer et soutenir des institutions d'envergure capables de relever le défi de la recherche ambitieuse, devenue coûteuse?

Il est aisé d'observer, dans les sociétés actuelles qui ont du mal à s'accommoder à/de la rationalité technocratique et productive, un dialogue de sourd entre les programmes scientifiques des universités, centres de recherche, et le contexte endogène de la découverte que devraient constituer les priorités nationales, rationnelles, les priorités productives, tout ceci devant servir d'ancrage local à la dynamique productive scientifique.

43 *Cf.* D. J. de Solla Price, *Little science, big science*, New York, Columbia University Press, 1965.

44 Autour de ce sujet fleurit actuellement dans les universités occidentales toute une littérature riche en statistiques. Nous citons en exemple: Claire Demain, «Université Catholique de Louvain: relation industrie-université et parc-scientifique», in *Assises francophones de la recherche*, Montréal, AUPEL-UREF, 1994, pp. 133-137.

Cette situation inconfortable des sociétés engagées dans le projet de modernité vient de ce que, d'une part, caractérisées par l'opacité et l'agir irrationnel, leurs politiques nationales se passent encore massivement de l'expertise qu'aurait dû constituer pour elles les compétences humaines de plus en plus abondantes dans leurs propres institutions universitaires et académiques. D'autre part, cette situation s'explique dans l'hypothèse que, dans les institutions scientifiques à la périphérie[45] de l'économie dominante, la nature du capital financier autorise difficilement, au sud, une tradition auto-centrée de recherche, c'est-à-dire une tradition de recherche, originale et compétitive.

3.2 De la nature des capitaux à la position dominante des technologies exogènes

La position dominante qu'occupe la recherche technologique du centre dans l'économie mondialisée est inséparable de la nature des capitaux et des nouveaux modes d'investissement financier capitaliste. C'est connu, l'exploitation des technologies, dans le processus de la production, institue «le procès de travail pour produire de nouvelles valeurs d'échanges et reproduire le rapport capital-travail[46]». On ne peut, dans cette logique, parler de la production des technologies et de leur transfert sans considérer les capitaux et le mode de production, qui dominent les économies périphériques.

La production industrielle des pays en développement est dominée par les capitaux financiers transnationaux. Au Brésil, «les compagnies américaines contrôlent pratiquement toute l'industrie automobile, 80% de la production pharmaceutique, environ 50% de la construction mécanique[47]». Dans l'investissement des capitaux dans les pays en développement, la position dominante des firmes transnationales, a des formes

45 La métaphore «centre et périphérie» qui est d'usage en économie est devenue courante en épistémologie du sous-développement scientifique. On la trouve chez des auteurs comme B. Latour, J.-J. Salomon, P. Hountondji. Nous l'utilisons dans ce travail en gardant le contenu sémantique que ces auteurs lui ont donné.

46 J. Perrin, *Les transferts de technologies*, Paris, La Découverte/Maspéro, 1983, p. 17.

47 N. Volkov et R. Zimenkov, *Le néocolonialisme technologique*, Moscou, Editions du Progrès, 1986, p. 13.

diverses: l'investissement direct, la vente d'usines «clés en main», la sous-traitance.

Cette précision permet d'apprécier la nature particulière du mode de production (dans les économies périphériques) qu'est la déconcentration des capitaux et des unités industrielles du Nord vers le Sud. Ou pour dire autrement, on assiste à une transformation des espaces économiques colonisés en de vastes zones franches de production. Or la production industrielle dans les espaces économiques périphériques ne demande aux sociétés d'accueil que la main d'œuvre abondante, moins coûteuse et le marché de consommation. L'industrie périphérique, soutenue par les capitaux transnationaux, doit sa dynamique créatrice et auto-créatrice performante au transfert des technologies dominantes.

Eclairons le développement de cette réalité avec les termes suivants du *Plan opérationnel de réalisation du Programme d'Action de Vienne relatif à la Science et à la Technologie pour le Développement*:

> La nature des transferts, du choix et de l'utilisation des technologies concrètes installées dans les pays en développement a fini par créer une dépendance permanente de ces derniers à l'égard des méthodes, des livres d'équipement, des services technologiques spécialisés des pays capitalistes industrialisés[48].

Dans les pays d'Afrique, on doit encore largement la technologie productive au Nord, sous formes de brevets, licences, marques commerciales, modèles de machine, procédés de fabrication ou de construction, pièces de rechange, et d'expertise. N. Volkov et R. Zimenkov parlent à juste titre de «néocolonialisme technologique», lequel ils caractérisent ainsi:

> Implanté à la périphérie de l'économie capitaliste mondiale à une époque, il [le capital monopoliste] détermine pour une grande part, les formes des rapports de l'Occident avec les PED. Le réseau de sociétés multinationales, avec leur gigantesque appareil de production et de vente, qui couvre le territoire des pays libérés, le contrôle des activités du Fonds Monétaire International (FMI), de la Banque Internationale pour la Reconstruction et le Développement (BIRD) et plusieurs autres

48 Pour cet extrait du «Plan opérationnel de réalisation du Programme d'Action de Vienne, relatif à la Science et à la Technologie pour le Développement», voir UN Doc. A/CN 11/12, May 1, 1981, p. 40.

> organismes internationaux [...] contribuent à y créer un potentiel scientifique et technique national tributaire des pays donateurs[49].

Dans la mesure où ils ne doivent pas leur dynamique créatrice et autocréatrice à l'environnement scientifique immédiat, les capitaux qui dominent l'investissement et la production périphérique produisent et reproduisent un rapport capital-travail dans lequel la recherche du Nord ravit la vedette à la science des pauvres. Le rapport capital-travail dans les économies colonisées a la particularité de définir des unités productives qui prospèrent à merveille sans rien devoir aux savoirs et aux savoir-faire des environnements locaux immédiats.

Le *Plan d'Action de Lagos*[50], la Conférence de Monrovia de Février 1979 qui l'avait préparé, ont priorisé la promotion des technologies endogènes et des recherches technologiques adaptées. Dans les contextes nationaux africains, cette hypothèse est difficilement matérialisée, comme en témoigne le tâtonnement des formules nationales africaines de transfert de technologies locales. Là-dessus, il faut reconnaître que les actuelles formules africaines de zone franche et de technopole auront du mal à soutenir une véritable politique de recherche autocentrée. Ce tâtonnement des formules nationales de transfert de technologies locales, outre qu'il procède de la domination des capitaux multinationaux dans les économies fragiles des pauvres, s'accentue largement par un déficit de modalités politiques nationales, cohérentes, volontaristes de transfert des recherches locales.

3.3 Carence du cadre institutionnel et juridique de transfert de technologies

On assiste de plus en plus – à partir des dernières décennies du siècle dernier – à des tentatives d'irruption de la recherche africaine dans les espaces économiques nationaux. Un problème grave auquel son transfert est toujours confronté est celui de la concurrence, à sa défaveur, que lui livrent des licences, des brevets, des marques exogènes dominants. Les espaces économiques nationaux africains, technologiquement extraver-

49 N. Volkov. R. Zimenkov, *op. cit.*, pp. 4-5.

50 OUA, *Plan d'Action de Lagos pour le développement de l'Afrique, 1980-2000*, Paris, Anthropos, 1980, pp. 69-101.

tis[51], s'enracinent dans des cadres institutionnels, juridiques également défavorables au transfert des résultats scientifiques nationaux. Il faut souligner, nous semble-t-il, que la place marginale que les capitaux et les industries réservent à la «science des pauvres» justifie des mécanismes nationaux, institutionnels et juridiques qui ont des carences[52], en matière de protection et promotion de la propriété intellectuelle/industrielle. Dans les années 60 du siècle dernier, les politiques africaines espéraient un développement rapide par des dons technologiques. Cette philosophie de développement devrait sous-estimer l'efficience des instruments institutionnels, juridiques nationaux de transfert de technologies dans la politique de la science.

Il faut reconnaître, bien sûr, que les instruments juridiques et institutionnels de la propriété intellectuelle/industrielle existent: l'accord de Libreville du 13 septembre 1962 a créé l'Office Africain et Malgache de la Propriété Industrielle. L'Office évolua et devint, à partir de l'Accord de Bangui du 02 mars 1977, révisant l'accord de Libreville, l'Organisation Africaine de la Propriété Intellectuelle (OAPI). Cette organisation continentale partage son cadre juridique et institutionnel de propriété intellectuelle avec des instruments juridiques multilatéraux, par exemple, la convention instituant l'Organisation Mondiale de la Propriété Industrielle (OMPI) en 1975, la Convention de Paris pour la Protection de la propriété industrielle, l'Arrangement de Lisbonne sur la protection des appellations d'origine et leur enregistrement international, le Traité de coopération en matière de Brevets, le Traité de Nairobi concernant la Protection du symbole Olympique, etc.

L'existence de ces institutions et mécanismes juridiques régionaux, multilatéraux cache deux réalités sur lesquelles il faut insister:

- Les instruments juridiques multilatéraux et régionaux soumettent les travaux scientifiques locaux à des modalités de transfert de technologies qui sont celles de la science puissante dominante, et donc conformes à l'économie dominante. L'Organisation Africaine de la Propriété Intellectuelle qui est restée pendant longtemps dans cette

51 Pour utiliser une expression courante dans les travaux de P. Hountondji.

52 On ne peut pas dire en toute rigueur que la non-valorisation des résultats scientifiques nationaux locaux procède d'un refus délibéré du chercheur africain d'informer sur ses travaux. Il nous semble plutôt que c'est le cadre juridique de transfert de technologie qui doit être en cause.

logique a, malheureusement, ressemblé à une structure de transfert de technologies exogènes. Alors que les Salons et les Foires africains de la technologie présentent régulièrement des inventions africaines en quantité impressionnante et officiellement ingénieuses[53], l'OAPI enregistre plus de brevets ou marques étrangers qu'africains. En 1997, sur 31 brevets enregistrés par l'OAPI, on ne compte que 4 africains (deux pour le Nigeria et deux pour l'Afrique du Sud). En 1998, l'OAPI est passée à vingt-cinq brevets enregistrés dont quatre africains (trois pour l'Afrique du Sud, un pour le Nigeria). Cette situation traduit au fond l'incapacité matérielle des chercheurs africains à payer les diverses «taxes en matière de brevets et de certificats d'addition[54]». Ces taxes, considérées par bon nombre de chercheurs africains comme exorbitantes, constituent une carence qui prive d'efficience l'OAPI et les structures nationales dans le processus de transfert de technologies nationales[55].

– Les institutions nationales de la Protection de la Propriété intellectuelle n'ont pas les moyens de leurs ambitions. Structurellement, ces institutions sont souvent de simples divisions de ministères avec un personnel réduit ou des associations qui ont difficilement un local et des moyens logistiques. Financièrement, elles n'ont pas de budget de fonctionnement. Leur poids dans l'orientation des politiques nationales des sciences et technologies est insignifiant. Elles ne sont aptes ni à capitaliser l'information scientifique disponible, ni à la diffuser, ni à susciter une politique réelle de sa rentabilisation. Bref, elles ne sont véritablement pas des courroies de transmission entre les milieux de la recherche et les secteurs nationaux de production. En tant que telles, les structures nationales de la Propriété Intellectuelle en Afrique ne sont pas non plus un cadre idéal de transfert privilégié des *know-how* nationaux.

L'on doit donc retenir, au bout du compte, qu'en Afrique, le mode dominant de production, les modalités de transfert de technologies, demeurent

53 *Cf.* par exemple la liste des inventions enregistrées dans le cadre du Deuxième Salon Africain de l'Invention et de l'Innovation Technologique, Lomé, 1er décembre 2000.

54 Cf. OAPI, *Bulletin officiel de la Propriété Intellectuelle*, 1999.

55 Par sa décision portant «Subvention en matière de brevets d'invention» l'OAPI a compris cette carence.

des composantes des mécanismes sociaux de marginalisation des recherches nationales. Ce postulat explicatif qui met en relation science et économie, paraît opératoire pareillement dans l'analyse des incidences des pesanteurs politiques sur la recherche africaine.

Chapitre 2

Politique et problèmes de la recherche en sciences sociales

Dans son *Introduction aux sciences humaines*[56], G. Gusdorf explique remarquablement que le cadre intellectuel et mental qui a conçu la science grecque antique n'a pas favorisé un développement extraordinaire de l'anthropologie positive. Similaire est l'appréciation que Gusdorf fait des obstacles épistémologiques qui ont compromis la dynamique des sciences humaines au Moyen-âge: la civilisation médiévale est le lieu où «l'espace mental et l'espace vital se trouvent parfaitement accordés, l'un à l'autre, dociles aux rythmes d'un même ordonnancement[57]».

L'état d'esprit auquel s'identifient l'antiquité grecque et le Moyen-âge occidental, aux antipodes de l'«affirmation inventive», va notamment «retarder de 18 siècles le progrès de la connaissance dans le domaine de l'anthropologie»[58].

La référence à l'antiquité et au Moyen-âge, pour expliquer la «positivité»[59] tardive des sciences humaines, permet de retenir que certains modèles d'organisation sociale peuvent constituer des obstacles pour les sciences qui étudient l'homme et la société. On peut se rendre compte qu'en Afrique, les problèmes divers que rencontre la recherche en sciences sociales paraissent liés à une réappropriation coloniale et post-coloniale du modèle de société close.

56 G. Gusdorf, *Introduction aux sciences humaines, essai critique sur leurs origines et leur développement,* Paris, Ophrys, 1974.

57 G. Gusdorf, *op. cit.*, p. 46.

58 G. Gusdorf, *op. cit.*, p. 48.

59 Au sens comtien de ce terme, *cf.* par exemple A. Comte, *Discours sur l'esprit positif*, Paris, UGE, 1963.

1. Politique de contrôle social et sciences sociales

L'histoire des traditions scientifiques qui émergent en Afrique ne peut méconnaître les résultats scientifiques des politiques coloniales: création, pendant la période coloniale, d'écoles et d'institutions de recherche, bourses d'études, aides matérielles, aides financières et collaborations diverses. Mais les domaines de prédilection des politiques institutionnelles des sciences coloniales (études des sociétés colonisées, les approches scientifiques dominantes), les positions épistémologiques marginalisées se comprennent en référence au modèle politique de contrôle social auquel s'identifient les administrations et instruments juridictionnels coloniaux.

1.1 L'administration coloniale et ses mécanismes de contrôle social

Le pouvoir colonial est l'instrument qui devrait permettre la domination politique ou le contrôle politique des territoires et populations, la mise en valeur économique des colonies. Si certains historiens[60] ont raison et l'habitude de présenter le pouvoir politique colonial comme despotique, c'est parce que celui-ci est, dans son organisation administrative et juridique, tout le contraire de ce que Karl Popper appelle la «société ouverte». Il est réel que les administrations coloniales et leurs mécanismes juridictionnels ont entretenu à dessein un paradigme de société close essentiellement liberticide. L'administration coloniale a deux principes: «obéissance absolue des ordres reçus d'en haut, liberté d'action totale envers la population[61]». Quels sont les contenus exacts de ces deux principes?

Le principe d'obéissance absolue aux ordres du pouvoir métropolitain met tous les espaces de pouvoir décisionnel dans une structure pyramidale de contrôle qui intègre les cadres coloniaux et toutes les autorités indigènes: la chefferie traditionnelle. Les chefs traditionnels qui ne représentent pas des contre-pouvoirs de l'administration sont plutôt

60 *Cf.* H. d'Almeida Topor: *L'Afrique au XX è siècle*, Paris, Armand Colin, 1993.

61 N. Gayibor (sous dir.), *Le Togo sous domination coloniale*, Lomé, Presses de l'UB, 1977, p. 23.

transformés (c'est le cas dans les colonies françaises) en auxiliaires de l'autorité coloniale. L'on comprend que le «principe d'obéissance absolue de l'ordre d'en haut» donne à l'administration l'autorité que lui doit sa propre cohésion. C'est pourquoi beaucoup de dispositions juridiques coloniales n'étaient pas favorables aux chefs locaux «récalcitrants».

Le «principe de liberté d'action totale envers la population assujettie» donne à l'autorité coloniale le respect et la reconnaissance que lui procure la soumission par tous les moyens des populations indigènes; laquelle soumission est l'œuvre des commandants de cercle ou district, des garde-cercles, des policiers, des milices des chefs traditionnels. L'objectif de soumission fait de l'administration territoriale un cadre d'intimidation et de terrorisation des populations colonisées.

Ces deux principes de l'administration coloniale qui ambitionnent de donner suffisamment de pouvoir de contrôle social à l'autorité coloniale disposent de systèmes juridictionnels conséquents. Les systèmes juridictionnels coloniaux avaient donc pour vocation de donner à l'administration les moyens juridiques de contrôle social absolu. En cela, les lois coloniales sont, d'une part, non pas des marques de promotion du droit positif, mais plutôt une arme dont se sert l'administration. D'autre part les lois coloniales ne visent qu'à «caser» les indigènes dans une société close, dans des «fers» (pour reprendre l'expression de Rousseau), sans liberté d'action, ni de mouvement, ni d'opinion. Insistons:

– Dans les colonies, les lois sont des armes pour la protection de l'autorité administrative. En effet, les lois coloniales interdisent tout ce qui peut entraver l'autorité administrative dans sa fonction de contrôle social. Deux dispositions juridiques du territoire du Togo sous mandat de la France donnent une image particulièrement éloquente de cette réalité. Il s'agit des dispositions 11ème et 25ème de l'arrêté 118[62] qui stipule que les faits ci-après sont passibles de peines disciplinaires:

  le refus de fournir des renseignements d'intérêt public demandés par les représentants ou agents de l'autorité, dans l'exercice de leurs fonctions, ou la réponse

62 «Arrêté N° 118 déterminant les conditions d'application du décret relatif à l'exercice des pouvoirs disciplinaires des chefs de circonscription ou de subdivision et portant énumération des infractions passibles des peines disciplinaires», *Journal officiel* du 1er juin 1923, pp. 192-193.

sciemment mensongère faite à une demande de cette nature [...] les pratiques de charlatanisme, magie, divination ou sorcellerie de nature à nuire ou à effrayer [l'autorité ou ses représentants].

- Les lois coloniales autorisent un contrôle absolu du territoire et des populations (mouvements, actions, opinions). Elles interdisent le vagabondage[63] (liberté de changement de résidence à l'insu de l'autorité), la réunion sans autorisation, les chansons contestataires et provocatrices à l'endroit de l'autorité ou ses représentants.

Au total: l'administration et les lois coloniales ont entretenu une politique dont l'ambition est le contrôle total de la société, non seulement de son territoire, de ses populations, de sa culture mais également des opinions ou pensées des populations et sur les populations. Les thématiques privilégiées, et les options méthodologiques réductrices des études coloniales sur les sociétés colonisées ne se justifient que dans cette logique de contrôle social. Ainsi que le note Jacques Gaillard:

> les intérêts scientifiques [...] au cours de la période coloniale sont directement liés aux problèmes pratiques auxquels toute administration coloniale doit faire face et notamment au besoin de mieux comprendre les populations coloniales et leurs cultures afin d'en faciliter le contrôle[64].

1.2 A propos des priorités des politiques scientifiques coloniales

Les études sur les sociétés colonisées répondaient au besoin d'information du pouvoir colonial sur les sociétés sous son administration. Il est alors aisé de comprendre la politique des études coloniales sur les sociétés dominées: la priorisation et la marginalisation des domaines, des thématiques et des méthodes d'approche.

La tendance dominante des écrits de l'époque coloniale sur les sociétés indigènes est de fournir l'information à l'administration coloniale. Les différentes politiques coloniales des sciences, les écrits et les idées qu'elles encouragent ou marginalisent en portent la marque.

63 *Cf.* l'arrêté 118 sus-cité.

64 J. Gaillard, *La coopération scientifique avec les pays du Sud*, Paris, Karthala, 1999, p. 119.

1.2.1 Des politiques scientifiques réductionnistes dans leurs ambitions

En Afrique ou ailleurs, les politiques scientifiques coloniales ont le mérite d'avoir été précoces et ambitieuses. Depuis 1600, il existait des relations scientifiques entre la Compagnie anglaise des Indes et, les naturalistes et les astronomes. En 1784, vit le jour à Calcutta, l'Asiatic Society of Bengal. La Compagnie anglaise des Indes orientales qui en est le bailleur de fonds l'a soutenu sur le modèle de la Royal Society. La Société Batavia pour les Arts et les Sciences fut, depuis sa création en 1778, l'institution hollandaise de coordination des études coloniales. Le Portugal institua depuis 1883, une Commission Cartographique[65]. La France est retardataire dans la mise sur pied d'une institution de coordination scientifique des études coloniales. Pour preuve, l'Office de la recherche scientifique coloniale, ancêtre de l'ORSTOM (devenu depuis 1998, Institut de recherche pour le développement) n'a été créé qu'en 1943. Mais ce retard, la politique scientifique coloniale française l'a comblé par la précocité des instituts régionaux de recherche. On sait que le Maroc, l'Algérie, le Madagascar, l'Afrique Occidentale Française disposaient d'instituts spécialisés d'envergure considérable.

La précocité des politiques coloniales des sciences, si elle a le mérite d'avoir initié et développé la connaissance des colonies, elle a évité, en revanche, d'être un cadre politique de liberté scientifique. La politique coloniale priorise certaines sciences que d'autres. Cela peut se mesurer d'abord par les spécialités scientifiques qu'ont encouragées les politiques coloniales. Deux divisions prédominaient dans les sciences coloniales en Afrique:

- La Division Sciences de la nature: son développement répondait au besoin d'exploitation économique des ressources des territoires colonisés. C'est pourquoi les sciences de la nature, pendant la période coloniale, se sont cantonnées à l'exploration des ressources géologiques, aux études climatiques, océaniques, à la connaissance de la flore.
- La Division Sciences de l'homme: sa priorisation par l'administration coloniale ne souffre d'aucune réserve. La politique scientifique coloniale française en est une illustration. L'Université

65 Pour ces informations *cf.* J. Gaillard, *La coopération scientifique et technique avec les pays du Sud*, Paris, Kathala, 1999, p. 18 et suivantes.

d'Alger (1909), l'Institut des Hautes Etudes Marocaines, l'Institut Scientifique Chérifien (Marocain également), l'Académie Malgache, l'Institut Fondamental d'Afrique Noire (Dakar) ont prioritairement développé les études des langues, mœurs et cultures d'Afrique. L'Université d'Alger était spécialisée dans les études musulmanes. Les deux instituts marocains devraient rendre compte des civilisations marocaines. L'Institut Fondamental d'Afrique Noire pilotait les «Etudes Africaines» et répandait «la connaissance de l'Afrique Noire[66]». Une marque supplémentaire de l'envergure de l'étude des sociétés dans les instituts coloniaux pourrait être apportée par une analyse du programme de l'Institut Français d'Afrique Noire.

La logique politique coloniale, qui a réduit la recherche à certains domaines prioritaires, est en conséquence celle qui a des attentes épistémologiques limitées vis-à-vis des monographies et des autres écrits coloniaux sur les sociétés indigènes.

1.2.2 Des attentes épistémologiques

Les écrits coloniaux les plus précoces sur les sociétés colonisées sont les monographies, auxquelles nous nous proposons d'abord d'accorder de l'attention pour l'influence épistémologique qu'elles doivent à leur rôle politique. En effet les monographies coloniales avaient un rôle politique, celui de faire connaître les cultures, les mœurs, les pratiques religieuses, les langues, avec lesquelles les missionnaires et les administrations naissantes devraient composer.

C'est assez connu, les missionnaires, après les explorateurs et les commerçants, avaient tôt manifesté, pour des raisons objectives, beaucoup de passions pour la connaissance des langues, des mythes et légendes fondateurs des peuplements ethniques, des us et coutumes des populations visitées. Les notes des missionnaires sur les peuples africains ont souvent constitué les premières sources écrites disponibles d'information pour les travaux contemporains d'histoire, d'anthropologie, de linguistique. On sait l'immense dette que les travaux contemporains sur la langue, la culture, l'histoire du peuple éwé du Togo, du Ghana doivent aux recherches des missionnaires allemands. On doit aux

66 *Cf. Notes Africaines*, avril 1961, n° 60.

missionnaires allemands les premiers travaux sur la transcription phonétique, l'orthographe, la grammaire, le dictionnaire de la langue éwé. Le premier essai de phonétisation de l'éwé en 1856, *Schlüssel zur Ewe Sprache*, est l'œuvre du missionnaire protestant allemand Bernhard Schlegel. Le travail de recherche qui a proposé l'harmonisation de l'orthographie et la prononciation de l'éwé, est un manuscrit de 1889, *Rules for Ewe. Orthography for the schools of the North-German Mission,* qui a pour auteur le Rd. Pasteur Joh Knüsli. Le premier dictionnaire éwé, un manuscrit inédit de 1862, est une étude du missionnaire Plessing. C'est encore à un autre missionnaire allemand, Dietrich Westermann, qu'on doit le dictionnaire éwé de 15.000 mots, *Ewe Deutsches Wörterbuch* (1905).

Pour faciliter le traitement judiciaire des affaires par exemple, l'administration coloniale sollicitait de ses cadres, des récits sur l'histoire, l'origine, les coutumes... de chaque communauté ethnique. Il s'agit d'informations sur les spécificités de chaque communauté ethnique, en vue de constituer ce que le jargon juridique colonial appelle «coutumier indigène», une sorte de recueil des pratiques millénaires coutumières qui sert de code pénal auquel les notables, nommés comme assesseurs, et les juges se référaient pour juger les indigènes. Ce rôle politico-administratif, et par ailleurs missionnaire, des monographies coloniales, a inspiré des tendances méthodologiques et thématiques dominantes dans les études coloniales.

En droit, en histoire, les thèses et autres publications scientifiques n'étaient que de vastes monographies et des compilations des rapports de l'administration sur les colonies. Il n'est pas impertinent d'ajouter que cela vient aussi de ce que beaucoup d'auteurs, de préfaciers et d'éditeurs des thèses et écrits coloniaux étaient des administrateurs, cadres ou amis des administrations coloniales. Quelques exemples: Laurent Pechoux[67], qui présenta en 1939 à Dijon une thèse de droit intitulée *Le Mandat français sur le Togo,* est un administrateur des colonies. Le Général Maroix[68], qui publia en 1938 *Le Togo, pays d'influence française,* est un ancien commandant des troupes françaises en 1914. Son ouvrage fut préfacé par Albert Sarraut, ancien président du conseil, ministre d'Etat au Quai d'Orsay, homme influent de la politique coloniale. Le livre de

67 L. Pechoux, *Mandat français sur le Togo*, Thèse de droit, Dijon, Pedone, 1939.
68 Général Maroix, *Le Togo, pays d'influence française*, La Rose éditeurs, 1938.

Victor Chazelas[69], *Les territoires africains sous mandat de la France,* a été publié par la société d'éditions géographique, marine et coloniale. Un historien de renom comme Robert Cornevin[70] a été administrateur colonial et son *Histoire du Togo* en porte la marque.

En bref, les monographies des missionnaires et les compilations des rapports des administrateurs coloniaux ont légitimé des sujets et approches méthodologiques dominants dans les études juridiques, historiques, ethnologiques, etc. En effet, la reprise des monographies et la compilation des rapports administratifs ont prolongé, au plan épistémologique, les méthodes coloniales administratives de présentation des rapports officiels. Les rapports annuels des cercles, des administrateurs coloniaux sur les indigènes, sont réputés des écrits «soignés». Ils ont pour objectif de rassurer la hiérarchie coloniale, en prenant soin de s'abstenir de faire allusion aux événements d'allure contestataire ou de les minimiser, du moins. Les rapports administratifs coloniaux évitent de détailler la narration des événements qui incriminent l'autorité et qui mettent à rude épreuve la légitimité de l'ordre colonial. Les formes d'expression de résistance des colonies sont souvent présentées dans les rapports des cercles comme des actes isolés, sans importance réelle. Une telle option a conduit les thèses et autres écrits coloniaux à présenter souvent les sociétés colonisées comme des sociétés simples, sans conflit, des «sociétés froides» par opposition aux sociétés européennes «chaudes». L'ethnologie l'a mieux illustrée.

Nourrie, comme nous le soulignons, par des rapports simplifiés et des facilités des administrateurs, dominée par des amis de l'administration coloniale, comme Lucien Lévy-Bruhl (dont J. Poirier[71] disait, depuis 1957, que l'influence n'a pas d'égale dans l'administration coloniale), l'ethnologie dominante était une simplification de la dynamique des sociétés colonisées. Cela provient du fait que l'investigation ethnologique coloniale s'est largement contentée des rapports ethnographiques et administratifs, elle n'a donc fait la pratique de terrain qu'indirectement. Alassane Ndaw dit à juste titre:

69 V. Chazelas, *Les territoires africains sous mandat de la France*, Paris, Société d'Editions géographique, marine et coloniale, 1931.

70 R. Cornevin demeure le pionnier en matière de rédaction d'une histoire générale du Togo.

71 J. Poirier, «La pensée ethnologique de Lévy-Bruhl», *Revue philosophique,* n° 4, 1957, pp. 510-529.

> Nul n'ignore que Lévy-Bruhl a systématisé la documentation anthropologique d'un point de vue déterminé [...] Cette documentation, il ne l'a pas réunie lui-même; il l'a été principalement par les émissaires de l'administration coloniale et par les missionnaires[72].

D'où des thématiques et approches qui ont véhiculé l'idée que les sociétés ancestrales sont des «sociétés froides» strictement opposables aux «sociétés chaudes». Sociétés froides, elles sont intactes et pures, avec des traditions et habitudes millénaires. Une telle option ethnologique prive de pertinence l'étude des conflits autour du pouvoir, de l'administration coloniale, des rapports administration-administrés, du travail, des techniques. Ces thématiques se sont plutôt faites rares ou moins représentatives aux premières heures des sciences ethnologiques coloniales.

Que retenir des tendances priorisées ou marginalisées dans le développement des études coloniales? Une leçon qui éclaire le passé, le présent et l'avenir des problèmes épistémologiques des sciences sociales, problèmes entretenus par les options politiques liberticides. Ce paradigme explicatif est alors opératoire dans l'analyse de la situation inconfortable des sciences sociales en Afrique postcoloniale.

2. Des formes de verrouillage des espaces de liberté des sciences sociales à l'ère postcoloniale

Les politiques postcoloniales africaines, malgré leurs réformes majeures amorcées depuis les dernières décennies du siècle précédent, n'ont toujours pas encore réussi une réelle promotion ou un réel développement des espaces nationaux de liberté. Il ne serait pas impertinent d'en déduire que les modèles politiques clos, d'opacité et de silence, en Afrique, se sont prolongés en politique d'obstruction de ce que Souleymane Niang appelle «les espaces démocratiques de croissance et de liberté académiques[73]». Cette situation affecte globalement toutes les sciences, mais plus particulièrement les sciences sociales.

72 A. Ndaw, *La pensée Africaine*, Dakar, NEA, 1983, p. 58.

73 S. Niang, «Allocution d'ouverture du Séminaire des Recteurs africains sur l'enseignement supérieur», Dakar, 1992. Se référer au document de synthèse.

2.1 De la réappropriation du paradigme politique colonial

Dans son ouvrage, *La lutte des classes en Afrique*[74], Kwame Nkrumah fait observer que les membres de la bourgeoisie africaine qui ont occupé des «postes dans la fonction publique, les sociétés minières, les entreprises, l'armée, la police [...] sont bien décidés à garder le statut et le pouvoir dont ils ont hérité[75]». L'auteur ajoute que les dirigeants sont «formés à une administration de type colonial[76]». Cette observation de Nkrumah dans le contexte de son livre, qui vise plutôt à montrer la réalité d'une classe bourgeoise africaine, éclaire, d'un autre point de vue, l'idée que la pratique politique et administrative postcoloniale doit se comprendre, avec intérêt, comme souffrant de sa logique de réappropriation de l'organisation coloniale de la société. Eboussi Boulaga écrit dans ce sens:

> Les indépendances ont-elles marqué une coupure avec [...] ce qu'il faut bien appeler l'aliénation coloniale, la prévalence de la contrainte, de l'imposition discrétionnaire, et de l'exploitation de la faiblesse? Il n'est pas difficile de répondre aujourd'hui par la négative[77].

En effet, les Etats postcoloniaux d'Afrique ont conservé la vision coloniale du pouvoir, sa raison d'être, son exercice.

– La vision coloniale du pouvoir, dont les politiques postcoloniales ont fait la réappropriation, est l'obéissance inconditionnelle à l'ordre du sommet de l'Etat, et la liberté d'action sur les administrés qui occupent la position de sujets. Les politiques africaines postcoloniales ont de fait ou de droit consacré la supériorité du père de la nation et/ou du parti sur les lois, les institutions, l'administration, les sujets. Si on dit des politiques africaines qu'elles sont despotiques, c'est parce que les lois, les institutions n'ont pas d'expression souveraine. Le père de la nation et le parti étant supérieurs à l'Etat, ils demeurent les seuls souverains.

74 K. Nkrumah, *La lutte des classes en Afrique*, Paris, Présence Africaine, 1972.
75 K. Nkrumah, *op. cit.*, pp. 12-13.
76 K. Nkrumah, *op. cit.*, p.18.
77 Eboussi Boulaga, *Les conférences nationales en Afrique noire. Une affaire à suivre*, Paris, Kathala, 1994, p. 96.

- La politique postcoloniale peut se prévaloir d'innombrables raisons d'être que la politologie peut inventorier. Nous ne faisons cas que de celles qui éclairent mieux notre analyse. En effet, l'obsession de la conservation du pouvoir a réduit prioritairement les institutions, les lois, l'administration à de simples appareils et mécanismes de contrôle de la société et des sujets, au lieu d'en faire un cadre de promotion et de progrès de la vie collective. Beaucoup de lois africaines (codes de presse et de la communication, lois pénales) trouvent leurs motivations circonstancielles, non pas dans la volonté politique d'offrir plus de liberté, mais dans le choix politique de reprendre des espaces de liberté qui ont préalablement échappé à l'autorité centrale, et donc susceptibles de mettre en crise éventuellement celle-ci. Nous disons alors qu'en réduisant les appareils d'Etat à de simples mécanismes de contrôle de la société, le pouvoir postcolonial abdique, à l'instar du pouvoir colonial, au devoir de promotion de la société ouverte.
- L'exercice du pouvoir politique se définit comme essentiellement répressif. Mieux, pour nous exprimer comme Eboussi Boulaga, «il met en œuvre le triomphe de la force et l'extension physique et morale[78]». La politique répressive est en réalité une violence physique et/ou morale exercée comme refus de fait du droit, de la liberté, de l'initiative souveraine ou citoyenne.
- La politique postcoloniale de contrôle social, au même titre que le paradigme politique colonial dont elle s'inspire, justifie la marginalisation africaine des sciences sociales. L'appareil politico-administratif africain, demeurant encore proche de celui des sociétés non ouvertes, entretient un verrouillage de l'espace de liberté académique des sciences sociales.

78 Eboussi Boulaga, *op. cit.*, p. 95.

2.2 *Verrouillage de l'espace de liberté académique des sciences sociales*

2.2.1 Perception idéologique des sciences sociales

Le problème dont cet intitulé promet l'élucidation procède d'abord de ce que les politiques et les sciences de société partagent objets et intérêts. Cela a des implications qu'il ne faut pas éviter de rappeler:

- La société, champ de la politique et objet des sciences, est la dynamique des enjeux et intérêts liés à son fonctionnement, sa gestion, son progrès.
- La politique n'est pas une gestion désintéressée de la société. La politique ne supprime pas le jeu des intérêts dont Hobbes avait dit qu'il conduit, à l'état de nature, à la guerre de tous contre tous. La paix, que les différentes formes d'institutions sociales apportent, ne met pas fin aux intérêts. La paix dépend des garanties qu'offrent les modalités de revendication et de conquête des intérêts. Les politiques africaines n'échappent pas à cette vérité essentielle.
- Les sciences sociales ne sont pas des études simplement descriptives et passives des sociétés, à titre de choses. Les études scientifiques des sociétés remplissent des fonctions idéologiques qui marquent les différentes méthodes, les priorités thématiques, les vérités. Malgré son postulat selon lequel il faut traiter les faits sociaux comme des choses, Emile Durkheim reconnaît le rôle idéologique de toute méthode de sciences sociales, dont la sienne propre:

> Notre méthode n'a rien de révolutionnaire. Elle est même, en un sens, essentiellement conservatrice, puisqu'elle considère les faits sociaux comme des choses dont la nature si souple et si malléable soit-elle, n'est pourtant pas modifiable à volonté[79].

Ces rappels rapides montrent que les avis scientifiques sur les sociétés ne peuvent prétendre à la neutralité idéologique. Une étude scientifique de la société et la vérité qui en découle constituent une vision de la société, une orientation sociale souhaitée. Le problème est qu'une politique opaque et despotique ne s'accommode des avis scientifiques sur la socié-

79 E. Durkheim, *Les règles de la méthode sociologique*, Paris, Librairie Alcan, 1912, Préface.

té que si ceux-ci la légitiment. Or en tant qu'études scientifiques de la société, les sciences sociales ne peuvent être réduites à de simples opinions politiques. La distance entre avis scientifiques et opinions donne aux sciences de la société, dans une politique d'opacité et de silence, une image de discours d'opposition politique.

Une telle politique d'opacité et de clôture sociales, dans sa forme administrative, institutionnelle et dans son projet, s'apparente, à un verrouillage de l'espace de liberté académique des sciences sociales.

2.2.2 Du verrouillage administratif, institutionnel de l'espace des sciences sociales

La rétention de l'information par l'administration

Suivant les exigences de l'idéal-type[80] d'administration dont parle Weber, le fonctionnaire est libre, il n'obéit qu'aux devoirs de sa fonction, ses attributions sont liées à la fonction occupée, la fonction n'est pas appropriable, la hiérarchie se définit à des fins fonctionnelles. Les administrations africaines n'ont toujours pas de commune mesure avec l'idéal weberien de la direction administrative bureaucratique. La «dilettantisation de l'administration», plus proche des administrations sous-développées, et opposable à l'administration rationnelle, est-elle un cadre efficace d'information pour le scientifique? En effet, le recours aux caractéristiques de l'idéal weberien de l'administration permet de comprendre que la rétention de l'information, observable dans les services publics et privés des sociétés africaines contemporaines, est une reproduction de l'administration traditionnelle:

- Beaucoup de fonctionnaires qui ont qualité, en vertu de leur fonction, de donner l'information à un chercheur, s'y dérobent s'ils ne reçoivent d'instruction formelle du sommet de la hiérarchie administrative. Même en cas d'accord favorable du chef hiérarchique, un agent de l'administration qui doit informer un chercheur sait qu'il a des limites dans sa tâche. Il n'est pas, en réalité, libre d'informer ou d'obéir qu'au devoir de sa fonction.
- La confusion entretenue entre le service et les motivations politiques explique pourquoi l'information n'est donnée que si elle ne

80 M. Weber, *Essais sur la théorie de la science*, Paris, Plon, 1992.

porte pas préjudice à l'exercice du pouvoir politique ou à la position de l'informateur.

– La dilettantisation de l'administration explique, par ailleurs, des archives lacunaires, voire inexistantes. Il n'est pas aisé pour le chercheur de trouver des informations qui devraient être archivées. Des rapports contenant de précieuses informations ne sont pas archivés. A cela s'ajoute leur production facultative. Tout ceci explique les difficultés d'exploitation, à des fins scientifiques, des informations archivables sur les politiques, les économies, les problèmes des sociétés africaines.

Une politique d'intimidation et de répression de l'opinion

Il est assez connu des milieux intellectuels africains que la publication de *Dramous* par exemple valut, à l'écrivain guinéen, Camara Laye, l'exil. Les exemples du genre, dans les Etats postcoloniaux africains, sont légion et se présentent parfois sous des formes plus dramatiques et donc plus expressives de cette politique d'intimidation et de répression de l'opinion. Ces exemples dramatiques de répression de l'opinion sont: traitement dégradant, procès inéquitable, détention arbitraire de professionnels de l'information[81], assassinat de journalistes, d'artistes ou d'écrivains. Ces exemples montrent que les politiques post-coloniaux africains ont largement fait du cadre d'exercice de l'autorité une répression de l'opinion privant ainsi les sciences sociales de certaines de leurs sources d'information que sont les médias par exemple. Montrons précisément, sous plusieurs angles, comment il en est ainsi.

Disons d'abord que beaucoup d'Etats postcoloniaux ont expérimenté pendant des décennies des périodes d'exception politique. Caractérisées par la suspension de la constitution et des institutions de la république, les périodes d'exception politique font de l'exercice de l'autorité de l'Etat un pouvoir discrétionnaire à la merci des comités insurrectionnels ou des pères de la nation ou du parti (qui a la primauté sur l'Etat dans beaucoup de cas). L'absence conséquente de tout cadre légal d'exercice du pouvoir institue de fait un abus d'autorité, une compromission des libertés fondamentales dont la liberté d'opinion et d'expression de la pensée. L'absence de code de la presse et de la communication dans beaucoup de pays africains jusqu'aux années 90 du siècle passé

81 *Cf.* les Rapports de Reporters sans frontière sur la liberté d'opinion.

explique comment les vides institutionnels ont mis à mal la libération des opinions et de la pensée. Le Togo est un exemple. Le deuxième coup d'état de janvier 1967, la prise du pouvoir par l'armée ont autorisé *illico presto* la suspension de la constitution, de l'Assemblée Nationale, jusqu'en 1979. Non seulement on a assisté à la caducité au Togo de la loi française sur la liberté d'opinion en vigueur dans les jeunes nations indépendantes, mais également à la monopolisation des médias ainsi qu'au contrôle de l'écrit et de l'imprimé. Est-il possible d'instituer une relation de cause à effet entre la politique d'exception togolaise et la timidité de l'affirmation de la littérature togolaise à ses débuts, ainsi que la rareté et la pauvreté actuelles des thèses, des écrits nationaux d'histoire, de droit sur la période post-coloniale nationale? Cette hypothèse, qui reste à vérifier, n'est pas moins pertinente.

Il faut ensuite souligner que beaucoup de codes de la presse et de la communication, malgré le pluralisme politique réamorcé à la fin du siècle précédent, s'apparentent parfois à des mécanismes juridiques de contrôle politique de l'information. L'existence d'une vie institutionnelle et des cadres juridiques légaux d'expression de l'opinion, devenue mode dans les politiques pluralistes africaines, si elle a l'avantage d'avoir amorcé des réformes favorables à la liberté d'opinion, n'autorise pas de perdre de vue les formes plus subtiles de contrôle politique de l'opinion. Les procès politiques contre la presse montrent que des institutions républicaines comme la magistrature n'ont pas fini de se résoudre en cadre efficient de promotion de la liberté d'opinion et de pensée dont la dynamique inventive des sciences sociales ne peut se passer.

2.3 Misère des institutions de recherche en sciences de l'homme et de la société

Les écoles, les facultés, les instituts de sciences humaines et sociales n'ont pas le monopole de la rareté matérielle, logistique et du déficit de soutien financier qui caractérisent plutôt en général le sous-développement scientifique dans la plupart des nations africaines contemporaines. La vie scientifique dans les facultés universitaires a montré que les institutions académiques subissent la crise de légitimité politique qui réduit largement l'exercice du pouvoir à des mécanismes de protection de l'autorité. L'Afrique coloniale et postcoloniale a fait de l'exercice du pouvoir plus un culte despotique qu'une promotion de la société ouverte. Les mécanismes de l'exercice de la recherche en sciences expérimentales et technologiques sont loin d'être dans des conditions enviables. Cette situation générale de misère des institutions africaines de recherche semble prendre une forme particulière dans la recherche sur la société et la culture. Sans être toujours explicite, le défaut de soutien gouvernemental aux travaux sur la société et la culture peut prendre des formes implicites, donc plus subtiles. On peut évoquer par exemple l'indifférence des politiques nationales d'éducation et de recherche à l'endroit des projets littéraires, culturels et de leurs structures nationales d'appui et de promotion. Assez habituellement, à l'initiative des hommes des arts et des lettres eux-mêmes, la promotion culturelle africaine doit de manière non négligeable son financement aux mécènes que sont les organisations internationales dont l'UNESCO.

3. Position épistémologique essentielle

L'histoire des sciences africaines naissantes ou renaissantes ne peut sous-estimer le rôle majeur joué par les chercheurs coloniaux et les politiques coloniales dans la connaissance des sociétés d'Afrique. Ce rôle majeur est d'autant plus impressionnant à tout point de vue que, non seulement des travaux des Africanistes ont dominé pendant longtemps la bibliographie sur l'Afrique, mais également les approches épistémologiques initiées par l'africanisme étaient au centre de ce qu'on peut se permettre d'appeler les querelles africaines des sciences sociales[82]. La floraison des travaux africanistes de la période coloniale ne doit pas occulter la marginalisation des approches, thématiques indésirables de l'autorité coloniale. En cela, les problèmes que rencontre encore la pratique de la recherche en sciences sociales sont contemporains de la politique coloniale des sciences, intimement liée à la nature du pouvoir colo-

82 Il nous semble que le débat qu'ont suscité les premières tendances ethnologiques des études africanistes dont l'ouvrage de Tempels et qui ont nourri beaucoup de travaux philosophiques, sociologiques, anthropologiques… est analogue à ce qu'on a appelé en Allemagne la querelle des sciences sociales.

nial (administration, structure institutionnelle et juridictionnelle). L'histoire des sciences sociales, de la période coloniale à la période postcoloniale, induit l'idée que la dynamique inventive des sciences en général, et des sciences sociales en particulier s'accommode difficilement d'une certaine conception du pouvoir ou de l'autorité politique et donc d'une organisation de la vie sociale collective. Il va sans dire que l'avènement tardif des sciences humaines et sociales occidentales, ce que Georges Gusdorf[83] appelle un retard de 18 siècles des sciences anthropologiques, s'explique par les normes antiques grecques et moyenâgeuses. Il n'est pas insignifiant de remarquer que c'est dans le mouvement des Lumières (qui est aussi une conception nouvelle de l'autorité, de la liberté) que ceux qu'on a appelés les pères fondateurs de la sociologie (entendons sciences sociales) ont commencé à émerger.

Au total, il faut souligner que la conception africaine du pouvoir et de l'autorité, qui n'a pas encore fini de se réformer, est, pour le moment, un obstacle majeur à la dynamique inventive des sciences sociales.

Alors, aussi bien la pratique difficile et lacunaire des sciences de l'homme et de la société que la marginalisation économique des sciences expérimentales et des technologies locales, sont des incarnations singulières du statut et du rôle anecdotiques réservés à la recherche dans bon nombre de nations africaines.

83 G. Gusdorf, *Introduction aux sciences humaines, essai critique sur leur origine et leur développement*, Paris, Ophrys, 1974.

Chapitre 3

D'un statut social de la science à la recherche artisanale

La science africaine, malgré ses résultats, a l'allure d'une recherche artisanale, opposable, dans une large mesure, au travail scientifique professionnel. La métaphore n'est pas exagérée. Pour s'en convaincre, il suffit de prendre la mesure des manières concrètes quotidiennes dont bon nombre de chercheurs africains se tirent d'affaire dans la réalisation des expériences, des thèses et autres travaux scientifiques. Nous faisons allusion aux bourses d'études dont l'obtention est un véritable parcours de combattant, à l'envoi d'échantillons dans des laboratoires occidentaux suivi d'attente hypothétique de résultats, au piétinement des travaux, des résultats et des publications pour cause de financement irrégulier ou vainement attendu. La recherche artisanale est une misère de la recherche, elle institue une vie institutionnelle scientifique, peu efficiente parce que privée des modalités qui entrent dans les normes organisationnelles de la profession et de l'entreprise de la recherche. Nous voulons souligner que la recherche artisanale est un modèle particulier de pratique institutionnelle de recherche qui découle du statut social ambigu du métier de scientifique.

Les universités, mieux que toute autre institution scientifique africaine, permettent de mieux comprendre la portée épistémologique de ce problème, dans la mesure où il est connu que «la recherche scientifique en Afrique est entreprise essentiellement au sein des universités[84]». A ce titre, c'est prioritairement à partir de l'organisation et de la gestion des universités que nous avons choisi de comprendre comment le statut social ambigu de la recherche africaine fait difficilement du travail scientifique une profession.

Nous considérons, à cet effet, que les difficultés des institutions scientifiques africaines à se conformer à certaines modalités de la re-

84 M. Niang, «Université et développement», in *La Science et la Technologie dans les pays en développement*, Dakar, ACS, 1992, p. 17.

cherche professionnelle, justifient fondamentalement l'ambiguïté du statut social de la science, de ses institutions, de son exercice, de ses travailleurs. Les formes encore en vigueur de ce refus social de reconnaissance du travail scientifique sont, entre autres, la non-priorisation du budget de la recherche, l'état rudimentaire de la documentation et du matériel technique.

1. La non-priorisation du budget de la recherche

Les dépenses africaines en Recherche-Développement (domaine de prédilection de la recherche africaine naissante ou renaissante) représentent, selon les sources de l'UNESCO, environ 0,3% des totales mondiales. Le *Plan d'Action de Lagos* avait pris acte de ce «faible degré de priorité accordé à la science et à la technologie, en particulier dans la répartition des ressources matérielles et financières disponibles». Le financement de la recherche occupe une position peu enviable dans les priorités budgétaires africaines (dominées par les dépenses militaires, l'éducation, les programmes non rentables et non viables que sont les éléphants blancs). Dans la plupart des pays, pour nous exprimer comme Jacques Gaillard, «en fait il n'existe pas de véritable budget de la recherche».

On convient qu'en général les dépenses africaines pour la recherche sont dérisoires. Elles le sont plus dans les universités nationales que dans les instituts de recherche financés par les pays et/ou institutions étrangers. Dans une communication qui a porté sur le financement et la gestion des systèmes de recherche au Sénégal, Alban de Fondeville[85] confirme cette réalité. Selon Fondeville, l'Institut Sénégalais pour la Recherche Agronomique (ISRA) occupe le premier rang du financement de la recherche sénégalaise. Le budget total de l'ISRA est estimé en 1986 à 128.867 milliers F; ce qui représente 58% des ressources budgétaires de la recherche au Sénégal. A l'ISRA, le budget moyen par chercheur équivalent plein-temps est le plus coûteux: 914.000 F. A l'Institut de Technologie Alimentaire le budget moyen par chercheur équivalent

85 A. de Fondeville, «Le financement de la recherche», Colloque sur la *Gestion des Systèmes de Recherche au Sénégal*, Dakar, 23-27 juin 1986.

plein-temps est de 515.000 F. A l'Université de Dakar, ce chiffre est de 85.000 F. Le budget de l'ORSTOM, d'un montant de 47.245 milliers F, représente 21% du budget sénégalais de la recherche et place cette institution au second rang, derrière l'ISRA.

Les premiers rangs assez régulièrement occupés par les instituts ou organismes spécialisés de recherche dans les dépenses consacrées au travail scientifique s'expliquent par les sources de financement de la recherche africaine.

L'héritage colonial a laissé à la jeune tradition africaine de recherche une coopération dont les avantages ne souffrent pas de contestation. Au Sénégal par exemple l'Institut Fondamental d'Afrique Noire est une création de la colonisation française. L'Institut de Technologie Alimentaire a été financé à sa création par la FAO. Au Sénégal, tout comme au Mali, en Zambie, au Mozambique, au Lesotho, en Swaziland, le soutien étranger aux instituts de recherche agricole a atteint 70% des dépenses en RD (Recherche-Développement) de chacun de ces pays. Au Burkina Faso, les instituts de recherches agronomiques, zootechniques sont financés presque entièrement par l'aide étrangère[86].

L'on veut dire que, par leur histoire – initiative coloniale, soutien des anciennes puissances coloniales, ou des institutions internationales – les instituts spécialisés ont l'avantage de bénéficier de la diversité des sources de financement. Il est réel que ces instituts n'ont pas une situation budgétaire enviable[87]. En considérant qu'ils ont une situation budgétaire plus conséquente que celle des universités, l'on veut souligner ceci: les universités étant demeurées les plus grandes institutions scientifiques africaines, le caractère dérisoire de leurs budgets de recherche permet de mesurer la distance qui sépare un slogan comme «université pour la science et la technologie» et la réalité qu'il devrait incarner. Il nous semble que trois raisons au moins expliquent le caractère dérisoire des budgets de la recherche universitaire africaine.

La première raison est ce que représente l'université pour l'Etat. Quoiqu'on ait beaucoup parlé après les indépendances de science et technologie au service du développement, le mouvement de création des

86 ISNA, *La Recherche agronomique et zoologique en Haute-Volta*, Rapport d'une mission de la Banque Mondiale/FAO/ISNA, 1983.

87 Dans notre thèse de 3ème cycle, nous avons illustré cette situation par les problèmes budgétaires de l'Institut de Technologie Alimentaire de Dakar.

universités nationales (universités de la deuxième génération en Afrique) répondait au prestige d'affirmation de souveraineté que constitue la formation des cadres nationaux par des établissements nationaux d'enseignement supérieur. Les universités et établissements supérieurs de la première génération comme l'Université d'Ibadan (créée en 1948), l'Université de Dakar (créée en 1957) ont eu la vie courte dans l'affirmation de leur vocation régionale. Alors, les universités nationales ont amorcé leur phase de multiplication rapide (on compte une quarantaine au Nigeria) avec la vocation essentielle de former des diplômés, des cadres. La vocation dominante des universités nationales africaines, qui est de fait la formation, fait que l'Etat en est la source quasi exclusive de financement. En 1996[88], le budget de l'Université Marien Ngouabi de Brazzaville était estimé à 9.263.900.000 FCFA. Les ressources propres de l'Université n'ont participé à ce budget que dans la proportion de 103.900.000 FCFA. La part de l'Etat congolais est de 6.900.000.000 FCFA. La même année les budgets des trois universités ivoiriennes avaient atteint l'enveloppe financière de 14.296.780.000 FCFA dont 92% représente la subvention gouvernementale. Principaux bailleurs de fonds des universités, les Etats africains orientent prioritairement les budgets des universités nationales vers les conditions sociales de la formation des cadres: salaires, bourses. En Côte d'Ivoire, en 1996 par exemple, 72,05% du budget des universités de Cocody, Adjamé, Bouaké couvraient les dépenses de solde. Les œuvres universitaires (couverture sociale des étudiants) étaient évaluées à plus de 4 milliards de F. CFA. A l'Université Marien Ngouabi de Brazzaville en 1996, 92,95% du budget étaient consacrés aux dépenses du personnel. Un autre exemple très expressif est celui de l'Université Cheikh Anta Diop de Dakar où l'enseignement et l'administration sont largement plus budgétivores que la recherche. Les tableaux suivants illustrent cette situation relative à la répartition du budget universitaire dans deux facultés de l'Université de Dakar: la Faculté des Sciences et Techniques, la Faculté de médecine et de pharmacie.

88 Pour les informations sur les budgets de l'Université de Brazzaville et des Universités de Côte-d'Ivoire, *cf.* DAAS, *Financement et Gestion des Etablissements d'enseignement supérieur en Afrique le cas de l'Université du Bénin (Lomé-Togo)*, Lomé, Presses de l'UB., 1999, p. 51.

Tableau 6: Faculté des Sciences et Techniques

Secteurs \ Années	1966	1967	1968	1er semestre 69	69/70	70/71
Administration	37.684.617	75.682.421	65.903.670	16.894.025	75.527.533	66.186.261
Enseignement	227.727.487	285.861.344	263.126.783	252.967.841	269.889.496	~
Recherche	25.521.914	27.872.113	27.224.331	9.500.000	12.993.500	18.013.895
Total général	291.203.725	400.716.125	367.061.343	294.172.103	368.977.563	~

Source: Alban de Fondeville, «Le financement de la Recherche», Colloque sur la «Gestion des systèmes de recherche au Sénégal», Dakar, 23-27 juin 1986.

Tableau 7: Faculté de Médecine et de Pharmacie

Secteurs \ Années	1966	1967	1968	1er semestre 69	69/70	70/71
Administration	56.731.437	127.341.683	119.200.982	29.501.806	152.015.307	132.020.995
Enseignement	351.789.506	461.718.410	443.474.859	449.471.576	596.851.776	~
Recherche	4.029.416	7.242.149	4.917.849	2.500.000	9.201.240	1.996.005
Total général	413.933.420	617.263.985	593.377.893	508.881.182	785.245.646	~

Source: Alban de Fondeville, «Le financement de la Recherche», Colloque sur la «Gestion des systèmes de recherche au Sénégal», Dakar, 23-27 juin 1986.

La deuxième raison du caractère dérisoire des budgets universitaires africains de la recherche est la suivante: les ressources financières propres des universités sont constituées prioritairement par les frais d'inscription (voulus symboliques par les politiques sociales africaines) et non les prestations de service (expertise universitaire, contrat de partenariat recherche/entreprise). Très peu sollicitées dans l'expertise locale par les politiques nationales, les universités africaines ne tirent des Etats que des subventions. De même, très peu exploités par les entreprises locales et les secteurs économiques dominants, les résultats scientifiques universitaires africains dorment dans les tiroirs et n'apportent au mieux que des ressources résiduelles aux institutions d'attache des chercheurs.

La troisième raison de la nature dérisoire des allocations de ressources financières à la recherche universitaire africaine est l'option, ces derniers temps, des institutions financières de Breton Woods de privilégier, dans le financement de l'éducation, l'école élémentaire. Les mesures d'ajustement universitaire, que cette option oblige les politiques africaines d'éducation à adopter, ne sont pas de nature à réhabiliter le budget de la recherche.

La non-priorisation africaine du budget de la recherche en général et de la recherche universitaire en particulier dans les répartitions budgétaires se justifie, ainsi que nous venons de le montrer, et favorise peu la professionnalisation du travail scientifique. En privant les équipes et laboratoires de source financière, l'option de la non-priorisation du budget de la recherche participe à instituer la «débrouillardise scientifique», le «bricolage scientifique» en lieu et place du travail professionnel que requiert l'entreprise actuelle de la recherche. L'environnement matériel et technique de la recherche africaine permet de mieux mesurer ce qui est ici appelé le bricolage scientifique.

2. Problèmes d'accès à l'information scientifique et à l'appareillage technique

Le travail scientifique contemporain est appelé à être professionnel, et à faire sans cesse des performances à la demande de l'industrie, de l'Etat ou de la société dans son ensemble. Cette attente sociale, pour être satisfaite, demande, outre les finances, d'autres ressources dont l'information et le matériel technique adéquat. La double description ici proposée et commentée (de l'état des ressources documentaires de l'Université de Dakar, et des difficultés de la recherche expérimentale africaine) se veut une illustration de l'idée que l'accès difficile à l'information et l'impossibilité de faire des expériences sur place faute d'outils ont leur part dans le processus d'obstruction de la vocation professionnelle de la recherche africaine.

2.1 Une image africaine des moyens d'information scientifique

Les revues de publication scientifique de notoriété se trouvent majoritairement au Nord. Leurs parutions périodiques sont des plus régulières. Au Nord, se trouvent encore massivement les maisons spécialisées dans les éditions scientifiques et autres moyens sophistiqués d'information et de diffusion du savoir.

La recherche africaine est, au contraire, confrontée aux problèmes de diffusion et d'accès à l'information scientifique. Il suffit d'évoquer la situation des bibliothèques universitaires pour comprendre la réalité. Empruntons à cet effet une étude sociologique des bibliothèques et revues de l'Université de Dakar à Mariétou Diongue Diop[89].

A propos des bibliothèques de faculté (sauf celle de la Faculté des Sciences Juridiques et Economiques), l'étude de M. D. Diop montre qu'il n'y a pas véritablement de fichiers de signalement régulièrement renouvelés, ni de catalogue digne de foi recensant les travaux publiés par les enseignants-chercheurs dans les revues locales et internationales. Les bibliothèques de département ressemblent à de simples armoires de livres, revues, mémoires et thèses, gérés par des moniteurs. *Les Bulletins et Mémoires de la Faculté de Médecine et Pharmacie*, outil de signalement bibliographique, n'ont plus paru depuis 1985. La Faculté des Sciences et Techniques, quant à elle, ne dispose d'aucune structure de conservation et de signalement bibliographique.

La description sociologique de M. Diongue Diop permet de comprendre pourquoi, d'une université africaine à une autre, des thèses et autres travaux scientifiques de haut niveau sont inconnus et/ou difficiles d'accès. L'état archaïque de la conservation et du signalement documentaire qui caractérise les bibliothèques universitaires d'Afrique rend la collaboration entre celles-ci difficile.

Il n'est pas facile par exemple pour un chercheur de l'Université d'Abidjan d'être tenu informé régulièrement des travaux de ses homologues de Dakar, de Ouagadougou, ou de l'Université de Lomé.

M. Diongue Diop signale par ailleurs la situation difficile des revues et organes de publication universitaires. En 1972, l'Université de Dakar disposait de vingt-et-un organes de publication périodique régulière. En 1992, «même si du point de vue du nombre des titres, il n'y a pas de baisse, en fait il y a une régression des publications périodiques». Seuls la Faculté des Lettres (qui a évolué de deux à huit titres dont cinq à jour) et l'IFAN (qui a su maintenir ses trois titres) ont une position relativement enviable. *Les Bulletins et Mémoires de la Faculté de Médecine et*

89 M. Diongue Diop, «Pour valorisation des publications universitaires: aspects liés à la conservation et à la diffusion», Dakar, Bibliothèque Centrale de l'UCAD, 1993.

de Pharmacie n'ont pas paru depuis 1985. Alors que *Psychopathologie Africaine* connaît des retards de parution, *Cancérologie tropicale* ne paraît plus. Il y a de l'espoir du côté de *L'Enfant en milieu tropical* qui a repris sa régularité périodique. La faculté des Sciences et Techniques n'a aucune revue de publication.

Au terme de cette description de la situation de la documentation et des organes de publication de l'Université de Dakar, il convient de dire ceci: non seulement la recherche africaine souffre d'accès à l'information scientifique, mais bon nombre de travaux en Afrique demeurent dans l'anonymat complet faute de diffusion. Nous faisons allusion aux nombreux travaux universitaires inédits (mémoires, thèses, articles...) qui restent inconnus d'une université à l'autre, d'une faculté à l'autre, d'une équipe ou laboratoire à l'autre.

2.2 Les problèmes de la recherche expérimentale

Nous proposons la description de quelques laboratoires africains afin d'indiquer que la recherche expérimentale africaine a plutôt l'allure d'une science artisanale et rudimentaire.

En 1992, un coopérant belge, alors en mission à l'Institut de Technologie Alimentaire de Dakar, nous décrivait, au cours d'un entretien dans le cadre de notre étude ethnographique de cette institution, l'état de l'appareillage technique des différents laboratoires de son institution d'accueil en des termes que voici:

> beaucoup d'appareils et d'instruments sont défectueux, trop vieux et sont probablement les tout premiers à être installés. Des pièces de rechange manquent mais personne ne les fabrique sur place. L'outil de travail n'est pas modernisé, amélioré. Dans le même temps, il y a à l'ITA d'autres appareils neufs, en bon état, qui n'ont jamais été utilisés.

Un technicien supérieur sénégalais du même institut soulignait en guise d'explication des propos du coopérant belge, que «les appareils n'ont pas une origine homogène», d'autres arrivent sans notice. Evidemment leur installation, leur usage, leur réparation «deviennent difficiles voire impossibles».

A l'atelier de mécanique du Département de Physique de l'Université de Dakar, l'état des appareils était encore plus préoccupant. Selon des rapports[90] du chef de l'atelier, «la fraiseuse et la tour manquent d'huiles fraises et d'outils de tour», «le poste de soudure a ses condensateurs cassés et se trouve en panne depuis plus de deux ans». Toujours à l'Université de Dakar, en 1994, le laboratoire radiocarbone, abandonné depuis 1986, avait son appareillage «inutilisable à 99%[91]».

A l'Université de Lomé, à l'exception des laboratoires universitaires hospitaliers, l'appareillage et les moyens logistiques dont disposent les autres laboratoires ne sont habilités, au mieux, qu'à remplir des tâches pédagogiques comme les T.P. par exemple.

Cette description sommaire de l'état de quelques laboratoires africains donne une idée des problèmes auxquels la recherche expérimentale africaine reste confrontée. En effet, on souligne à l'unanimité à la Faculté des Sciences et à l'Ecole Supérieure des Techniques Biologiques et Alimentaires de l'Université de Lomé, que les laboratoires locaux ne disposent pas de moyens techniques pour connaître par exemple les multiples principes actifs des plantes. Dans cette situation, beaucoup de travaux de recherche d'assistants, de maître-assistants ou de doctorants ne sont réalisés que par le biais des bourses étrangères (qui favorisent de rares voyages d'étude à l'étranger) ou la voie du difficile envoi d'échantillons à des laboratoires occidentaux. L'envoi d'échantillons par des chercheurs africains dans les laboratoires étrangers est vu par le chef de la Division Science Fondamentale et Appliquée de la Direction de la Recherche de l'Université de Lomé, comme une aventure scientifique «pas toujours heureuse». Ce maître de conférences en Chimie nous[92] confie que le seul avantage à en tirer est «la co-signature d'un article». Les risques fréquents sont le «non-retour des résultats», «l'exploitation des résultats» par les laboratoires d'accueil à l'insu de leurs «homologues du Sud». Cette situation limite assez souvent les programmes expérimentaux africains, dans les universités surtout, à de simples plans de carrière des enseignants-chercheurs.

90 Y. Akakpo, *Inculturation des Sciences et Techniques*, Dakar, 1993, pp. 188-190.

91 Y. Akakpo, *op. cit.*, p. 93.

92 Dans un entretien que nous avons eu en décembre 2000 avec ce chimiste togolais, chef de la Division Science Fondamentale et Appliquée en service à la Direction de la Recherche de l'Université de Lomé.

3. Le paradigme de la recherche artisanale

3.1 De la non-reconnaissance du statut social de la recherche

En Afrique postcoloniale, les universités demeurent incontestablement les plus importantes structures de formation de haut niveau et de recherche d'envergure. Elles doivent cette importance sociale non seulement à leurs résultats scientifiques (mémoires, thèses, publications) mais également au nombre impressionnant de diplômés ou de cadres qu'elles ont la mission de former. Selon les statistiques de l'UNESCO[93], l'effectif des cadres en formation dans les universités africaines est passé de 820 mille en 1975 à 2,2 millions en 1988; ce qui représente une croissance de 168%. En 1990, on est passé de 2,2 millions à 2,9 millions de cadres en formation dans les universités africaines. De 1990 à 2000, les effectifs d'étudiants dans beaucoup d'universités ont doublé. Insistons sur cette importance sociale des universités postcoloniales: nées pour la plupart dans le contexte de la décolonisation, les universités africaines étaient programmées pour aider les Etats postcoloniaux dans leur politique d'africanisation des cadres et de développement national. On parlait à juste titre depuis les dernières décennies du siècle précédent d'université de développement.

Malgré cette importance sociale des universités reconnue dans les textes et discours officiels, celles-ci demeurent confrontées au problème crucial de la reconnaissance sociale effective de leur rôle et statut, problème qui a mis à rude épreuve essentiellement leur mission de recherche. On doit le répéter, la mission qu'accomplissent le mieux les universités post-coloniales, est la formation des diplômés et cadres, malgré les difficultés assez connues, aggravées ces derniers temps par la crise institutionnelle généralisée (problème de qualité de la formation compte tenu des ressources pédagogiques limitées, problème d'inadéquation de la formation avec le marché d'emploi, chômage des cadres formés).

93 Pour les chiffres *cf.* E. Amerding dans sa «Présentation de la problématique et du programme» du *Séminaire sur la Restructuration des Universités Africaines*, organisé par l'UNESCO à Dakar, du 19 au 24 novembre 1992.

La mission de recherche des universités postcoloniales africaines, quant à elle, comparée à celle que remplissent les structures universitaires occidentales, ne s'élève pas au-dessus de l'anecdote. Cela procède de ce que, malgré les discours et slogans favorables aux sciences et techniques au service du développement[94], on note dans les pays africains plusieurs formes de refus de reconnaissance réelle du rôle social de la recherche.

– Au plan des politiques nationales, le refus de reconnaissance réelle du rôle social de la recherche africaine tire d'une part sa réalité du constat que les Etats africains restent encore assez redevables à l'expertise étrangère plus onéreuse. Comme le souligne Manamassé Esoavelomandroso, l'on préfère

  > commander à grands frais à des bureaux d'études ou à des consultants, des soi-disantes recherches dont les conclusions, bien souvent, répètent les mêmes choses ou recommandent d'autres recherches[95].

  Ce constat fait toujours l'unanimité parmi les universitaires au cours des sommets et séminaires sur le développement de la recherche. Au plan économique interne, ainsi qu'il a été souligné au chapitre précédent, les secteurs productifs africains se passent facilement des résultats scientifiques locaux. En un mot, ni les Etats africains ni les économies africaines extraverties et rudimentaires ne constituent un cadre de reconnaissance du rôle social que la recherche en général et les résultats scientifiques universitaires en particulier doivent jouer dans le développement.
– Les politiques internationales d'ajustement structurel ont aidé les Etats africains dans la logique du refus de reconnaissance du rôle social de la recherche universitaire. Ainsi que le souligne Souleymane Niang:

94 La Conférence des Nations Unies pour le Commerce et le Développement (CNUCED, 1964), l'Organisation des Nations Unies pour le Développement Industriel (ONUDI, 1965) sont des marques d'une prise de conscience précoce par les politiques postcoloniales du rôle social fort de la science dans leur développement. La conférence de Vienne (1979) a donné du réalisme à cette prise de conscience. La version africaine de Vienne est le plan de Lagos (1981).

95 M. Essoavelomandroso, «Etre chercheur au Sud: un point de vue de Madagascar», in *Assises francophone de la recherche*, Montréal, Aupelf-Uref, 1994, p. 247.

> il se trouve que les politiques de réajustement structurel en Afrique, à effets observables pas toujours positifs, ont postulé, doctoralement, la marginalisation de l'enseignement supérieur, singulièrement des universités, au profit de l'élémentaire – et cela au moment même où un autre postulat de base énonçait, avec raison pour d'autres continents, la primauté de l'enseignement supérieur et des universités dans tout processus cohérent de développement national[96].

Ces formes diverses de refus de reconnaissance du rôle de la recherche universitaire africaine, outre qu'elles font obstruction au transfert des technologies et résultats nationaux, privent les chercheurs universitaires de soutien et de motivation. La recherche universitaire occupe le dernier rang dans la hiérarchie des priorités budgétaires. Par ordre de priorité[97], les maigres ressources allouées aux universités africaines couvrent les salaires, les bourses, les services sociaux, l'entretien des bâtiments, les bibliothèques, l'équipement et enfin la recherche.

La non-reconnaissance du rôle de la recherche africaine donne au chercheur universitaire un statut réel particulièrement ambigu. Cette ambiguïté vient de ce que, recruté suivant les textes statutaires de son corps, comme enseignant-chercheur, il est employé concrètement en priorité comme «machine à dispenser des cours». Son rôle de chercheur paraît en fait plus facultatif que contraignant. Cela institue un modèle de chercheur universitaire, appelé, selon les mots de Manamassé Esoavelomandroso[98], à survivre, à bricoler ou à s'évader. L'universitaire malgache témoigne qu'avec l'intégralité de son salaire, un jeune assistant malgache peut tout juste se procurer trois livres! Ce «salaire de misère» ne permet pas de «rêver à un micro-ordinateur encore moins à un logement décent ou à une voiture». Dans cette situation, le chercheur qui en a la vocation ne peut se lancer que dans la bataille des bourses, subventions, sponsors, une véritable lutte pour la survie. Cette lutte pour la survie dans la vie scientifique africaine ne se limite pas à la recherche difficile des bourses et subventions; elle traduit également les problèmes d'accès à l'information scientifique, l'attente ou les mésaventures des échantillons envoyés dans les laboratoires occidentaux. Ceci définit un modèle

96 S. Niang, «Allocution d'ouverture au séminaire sur la restructuration des universités africaines», Dakar, 13-24 Décembre 1992.

97 E. Amerding, *op. cit.*

98 M. Esoavelomandroso, «Etre chercheur au sud: un point de vue de Madagascar», in *Assises francophones de la recherche*, Montréal, Aupelf-Uref, 1994.

particulier d'organisation de la recherche caractérisé par la débrouillardise et le bricolage.

3.2 Un paradigme peu efficient d'organisation du travail scientifique

La sociologie des organisations a fait des progrès considérables qui ont enrichi l'étude épistémologique de la vie institutionnelle scientifique. Robert King Merton a consacré un article intitulé «La science et l'Evangile selon saint Matthieu[99]» à l'étude des systèmes de récompense et de communication dans le domaine de la science. C. Orth[100] a parlé d'un climat optimum pour le développement de la recherche industrielle. D. C. Pelz et M. F. Andrews ont publié un ouvrage dont le titre est *Scientists in organisations, productive climates for research and development*[101]. Pierre Bourdieu a fait une étude du champ scientifique[102]. Lemaine, Lécuyer et al. ont étudié «la lutte pour la vie dans la communauté scientifique», les «stratégies et choix dans la recherche», «les voies de succès» en science. En citant, sans nulle prétention d'exhaustivité, ces auteurs et leurs travaux, nous avons voulu mettre en évidence l'hypothèse – que l'épistémologie peut emprunter à la sociologie des organisations – selon laquelle les performances scientifiques et technologiques du Nord doivent beaucoup au climat *optimum* créé par la reconnaissance du statut du travail scientifique dans la société.

En réservant un statut social ambigu à la science, à sa pratique, à ses travailleurs, les sociétés africaines contemporaines instituent un modèle particulièrement non efficient du travail intellectuel: la recherche artisanale.

La recherche artisanale est, à l'instar du travail artisanal en général, celle qui se fait avec les moyens de bord. Elle est rudimentaire et donne aux chercheurs les plus volontaristes une image de débrouillards de gé-

99 R. K. Merton, «La science et l'Evangile selon saint Mathieu: Etude des systèmes de récompense et de communication dans le domaine de la science», *Le progrès scientifique*, n° 136, 1969, pp. 16-39.

100 C. Orth, «The optimum climate for industrial research», *Harvard Business Review*, n°37, 1959, pp. 55-64.

101 Cet ouvrage a été publié en 1966 à New York.

102 P. Bourdieu, «Le champ scientifique», *Actes de la recherche en sciences sociales*, n° 2 et 3 de juin, 1975, pp. 88-104.

nie. En règle générale, les succès relatifs de la recherche africaine dépendent moins de la capacité organisationnelle des institutions scientifiques nationales que de la capacité des chercheurs eux-mêmes à négocier des bourses, des accords avec des laboratoires, ou à investir sur fonds personnels. La voie de la débrouillardise scientifique ne permet pas aux chercheurs d'approcher l'optimum de production scientifique: les travaux scientifiques d'envergure comme les thèses traînent, les résultats et les publications sont irréguliers.

L'image de débrouillard de génie que le chercheur africain acquiert au prix de volontarisme est constamment menacée par ce que Manamassé Esoavelomandroso, dans sa communication citée plus haut, a appelé «la lassitude, le découragement» en un mot expressif, «l'évasion» caractérisée comme suit:

> Devant les difficultés de la vie, qu'il ne peut pas surmonter, le chercheur au sud délaisse ses travaux de recherche, ou émigre pour pouvoir les continuer, ou bien les abandonne purement et simplement pour embrasser de nouvelles carrières[103].

Un autre témoignage plus expressif rapporté par J. Gaillard est celui d'un scientifique ghanéen:

> la situation économique dans mon pays et dans beaucoup de PED [...] a rendu la pratique de la recherche très difficile. Les salaires n'ont pas été suffisants. Actuellement le salaire mensuel net d'un scientifique au Ghana est de 2.500.00 Cedis (environ 50 US-$). Cette somme est si petite qu'il passe une grande partie de son temps à la recherche d'autres sources de revenus[104].

Il ressort de ces témoignages que, dans les universités africaines, la lutte pour le travail supplémentaire (cours, consultations à titre privé, agriculture, commerce) prive le travail de recherche de temps suffisant et le place dans une position secondaire dans la vie organisationnelle des universitaires. Cette désorientation du scientifique de sa fonction naturelle, mieux de sa carrière au profit de la priorisation de la recherche privée de sources de revenus ou de survie ne peut instituer une dynamique de recherche professionnelle dans les écoles, centres, universités africains.

103 M. Esoavelomandroso, *op. cit.*, p. 250.

104 J. Gaillard, *Les chercheurs des pays en développement origines, formations et pratiques de la recherche*, Paris, ORSTOM, 1988, p. 74.

Elle ne peut entretenir au mieux que la fuite des cerveaux vers des pôles plus attrayants et plus prometteurs.

Disons que la recherche artisanale doit se comprendre en Afrique comme la traduction des tâtonnements, de la timidité à accorder au savoir (ou au travail intellectuel) le primat fonctionnel qu'il a acquis dans les nations avancées. Mais la recherche artisanale traduit également une totalité culturelle révisable qui entretient le sous-développement du savoir.

Chapitre 4

L'idée d'une culture du sous-développement scientifique

L'expansion des sciences et technologies dans le monde contemporain a également obéi aux particularités de leurs terres d'accueil. Le bilan du XXe siècle, en matière de développement, permet de comprendre que le partage, par les nations, du credo «science et technique au service du développement» n'est pas synonyme de la maîtrise uniforme de la production et de l'appropriation du savoir. Ou, pour dire d'un ton aphoristique avec J.-J. Salomon et A. Lebeau[105], «l'universel n'est pas universel». Il est ainsi fondé de dire que la résistance au changement technique[106] ou le choc technologique[107] prend des formes variées, essentiellement évolutives, donc historiques.

La notion d'obstacle épistémologique dont Gaston Bachelard[108] rendait compte par la psychanalyse de l'esprit humain, peut être appréhendée d'un point de vue historique et sociologique. D'où l'intérêt de l'inventaire historico-sociologique «des causes de stagnation et même de régression[109]», des «causes d'inertie[110]» de la production intellectuelle. Il est vrai que cette option théorique, dont les trois chapitres précédents découlent, est défendable parce qu'elle a l'avantage d'éclairer les problèmes précis (i.e. contextuels) que connaissent les nouvelles traditions scientifiques et technologiques. Mais il est tout aussi réel que cette option ne peut autoriser une intelligence intégrale de ce dont il est question

105 J.-J. Salomon et A. Lebeau, *L'Ecrivain public et l'ordinateur: Mirages du développement*, Paris, Hachette, 1988, p. 95.

106 Cf. J.-J. Salomon, *Prométhée empêtré – La résistance au changement technique*, Paris, Anthropos, 1984.

107 H.R. Bernard et P.J. Pelto, *Le choc technologique: quand les sociétés traditionnelles se mo dernisent...*, Paris, Tendances actuelles, 1975.

108 G. Bachelard, *La formation de l'esprit scientifique, la psychanalyse de la connaissance objective*, Paris, J. Vrin, 1993.

109 *Idem.*

110 *Ibidem.*

si elle perd de vue la logique culturelle, bien sûr toujours historique, qui peut rendre compte du schéma du sous-développement de la science. L'on veut souligner que les facteurs politiques, sociaux, économiques du sous-développement scientifique reproduisent, dans une unité cohérente et révisable, l'état historique de la dynamique culturelle globale de la société. Le sous-développement scientifique est, pour ainsi dire en dernière analyse, une reproduction institutionnelle incohérente des contradictions culturelles des expériences d'appropriation du projet de modernité. Une telle position, pour être établie dans sa portée exacte, a besoin, avant tout, de s'affirmer contre les thèses qu'elle ne défend pas, celles qui semblent s'enfermer dans une explication essentialiste, parce que fataliste ou fixiste, des tumultueuses mais riches expériences de réception de la rationalité moderne et des types de savoirs et savoir-faire avec lesquels elle fait corps.

1. Les illusions essentialistes dans la récusation du modèle épistémologique traditionnel

Il nous semble que le sous-développement, qu'il est plus juste d'entendre comme accueil difficile voire contradictoire du projet de modernité, est un schéma culturel dans lequel les sociétés traditionnelles inscrivent leur organisation. Ceci dit, la réflexion philosophique sur le sous-développement scientifique et technologique ne peut se passer de l'analyse du paradigme culturel dans lequel, rationalité, savoirs et savoir-faire prennent leurs sens dans ces sociétés. Mais la portée exacte de cette hypothèse majeure de l'épistémologie du sous-développement scientifique se mesure mieux dans sa démarcation avec les illusions essentialistes dans la récusation du modèle rationnel des savoirs traditionnels.

1.1 Les incohérences de l'idée de peuple à mentalité prélogique

Un regard épistémologique sur les méthodes, les positions, les thématiques de l'africanisme dans son évolution historique peut autoriser l'hypothèse que les «études africaines» n'ont toujours pas cessé d'être obsédées par la problématique ouverte par la thèse de l'existence de peuple à mentalité prélogique. Il apparaît digne d'intérêt de considérer que les amalgames que comporte cette thèse dénaturent le modèle épistémologique traditionnel.

C'est connu, le concept de prélogisme[111] renvoie à la première position classique lévy-bruhlienne de l'existence d'une mentalité prélogique, caractéristique des sociétés primitives. Contrairement à la logique des sociétés civilisées, la mentalité prélogique se passerait des principes élémentaires de la pensée logique dont les principes d'identité et de non-contradiction. La contradiction ne poserait aucun problème à une telle mentalité qui est de surcroît animiste, en raison du postulat selon lequel les choses et la nature physique sont animées d'esprits analogues à des volontés humaines. Obsédée donc par la primauté du surnaturel sur la nature physique, la mentalité prélogique s'accommoderait plus du «je crains» que du «je sais». En conséquence, au plan épistémologique, l'hypothèse de l'existence de peuple à mentalité prélogique laisse croire que l'érudition dans les sociétés dites primitives se réduirait à la magie, au mysticisme, au mieux, à des légendes anecdotiques. Magies, mythes, rites culturels auraient complètement étouffé la raison, ses principes, les savoirs, les savoir-faire techniques. Le prélogisme induit alors une démarcation résolue, irréductible entre raison «constituée et illogisme».

L'essentiel de la critique ici envisagée se fonde sur la tendance théorique, de plus en plus crédible, selon laquelle l'Histoire des sciences représente de moins en moins la victoire d'une raison positive constituée sur la pensée mythique. La notion de paradigme, dans le sens où Thomas Samuel Kuhn l'a introduite en épistémologie, a proscrit ce que la sociologie de la science a appelé the Great Divide, i.e. le Grand Partage entre Rationalité et irrationalité[112]. La critique de la Great Divide s'accommode en effet avec une certaine anthropologie des savoirs primitifs qu'on doit surtout aux études empiriques de Malinowski[113] sur les Trobiandais, lesquelles études révèlent que les incantations magiques dans les rites n'autorisent pas les argonautes du Pacifique occidental à perdre de vue les mesures et précautions techniques que la technologie de la

111 Sur cette notion voir L. Lévy-Bruhl, *Les fonctions mentales dans les sociétés inférieures*, Paris, PUF, 1951. Ou encore *La mentalité primitive*, Paris, PUF, 1960.

112 Sur cette question voir les thèses du français B. Latour, *La science en action*, Paris, La Découverte, 1989.

113 B. Malinowski, *Les Argonautes du Pacifique occidental*, Paris, Gallimard, 1963.

construction du bateau doit rigoureusement respecter pour éviter les naufrages. La position qu'incarnent ces études empiriques de Malinowski est généralisable, et rend compte, pour ainsi dire, de «la pratique habituelle de la rationalité dans la pensée sauvage et de la persistance d'une mentalité mythique et mystique dans la conscience moderne[114]». «Il n'existe pas de mentalité purement logicienne fondée sur le raisonnement positif et de mentalité absolument alogique n'ayant d'autre base que les éléments mythiques[115]».

La thèse de la dénégation de la rationalité aux sociétés «primitives» est encore moins défendable lorsqu'elle semble considérer que le modèle épistémologique traditionnel est une spécificité géographique (le propre de certaines régions et continents) et non historique.

1.2 L'Afrique ancienne n'a pas en exclusivité la rationalité organique

L'étude des savoirs et des technologies traditionnels est une vocation tardive de l'anthropologie. L'un de ses mérites épistémologiques est qu'elle peut permettre de recentrer le débat sur le modèle épistémologique qui avait caractérisé les savoirs traditionnels. Nous appelons ce modèle la «rationalité organique».

Ici nous montrons que les sociétés traditionnelles d'Afrique ne l'ont pas en exclusivité et en propre. Dit autrement, la rationalité organique est moins une exclusivité géographique qu'historique.

En tenant compte de leur vocation et ambition, on n'aurait pas tort d'opposer les technosciences modernes aux savoirs traditionnels. La rationalité instrumentale, issue, il faut le dire sans ambage, de la science moderne, et non de la science grecque, est opposable à la philosophie des modèles anciens de savoirs. Si le mythe de Prométhée est un produit de la mentalité grecque, son incarnation moderne dans la «science puissante», elle, ne l'est pas. Il apparaît abusif de parler de la vocation conquérante des sciences modernes en se référant aux antiquités européennes, en opposition aux traditions d'ailleurs. Là-dessus raisonnons par exemples historiques.

114 A. Ndaw, *La pensée Africaine*, Dakar, NEA, 1983, p. 121.

115 *Idem.*

Dans son livre *La naissance de la physique dans le texte de Lucrèce*, Michel Serres écrit avec raison:

> [...] cette absurdité principielle est une preuve de plus, et décisive, celle-là, du statut préhistorique de la physique greco-latine. Il ne s'agit pas ici d'une science du monde, mais d'un mélange impur de métaphysique, de philosophie politique et de rêveries sur la liberté individuelle projetée sur les choses mêmes. D'où le résultat brut de la critique : il n'y a pas de physique atomique dans l'antiquité, mieux pas de sciences appliquées en général ; le clinamen qui la fonde n'est qu'une propriété immatérielle du sujet. Nous devons lire le De Natura rerum de Lucrèce en humanistes ou philologues, non comme un traité de physique[116].

Cette observation de Michel Serres renforce la thèse moins dominante selon laquelle les savoirs occidentaux antiques et médiévaux n'ont pas pu se passer de ce que Georges Gusdorf a appelé la «symbolique universelle[117]», dont le modèle de rationalité partage beaucoup de choses avec la rationalité organique des savoirs traditionnels.

Il faut peut-être insister, à titre d'un deuxième exemple, sur ce que G. Gusdorf, apologiste radical de la civilisation occidentale, dit précisément du paradigme épistémologique médiéval européen. Il s'agit, dit Gusdorf de la civilisation médiévale,

> d'un vaste système de sécurité à base théologique: l'ordre dans le monde et dans l'homme, dans la société comme dans l'église, procède d'une seule intelligibilité dont le principe et la fin se trouvent en Dieu. L'intégration est parfaite, la cohésion sans problème, puisque le social, le politique, le scientifique et l'ecclésiastique relèvent d'une même obéissance universellement imposée[118].

Gusdorf ajoute, assez significativement que, selon la mentalité médiévale, la connaissance n'est pas «à proprement parler la servante de la théologie, ce qui impliquerait une distinction possible: elle en est bien plutôt une prise de conscience et une élucidation». Car «le chiffre de la Révélation se présente comme le présupposé universel, en dehors duquel aucune intelligibilité n'est possible». La conclusion à laquelle Gusdorf est parvenu est sans ambiguïté:

116 M. Serres, *La naissance de la physique dans le texte de Lucrèce. Fleuves et turbulences*, Paris, Minuit, 1977, p. 10.

117 G. Gusdorf, *Introduction aux Sciences Humaines*, paris, Ophyrus, 1974, p. 36.

118 Pour toutes les citations qui suivent, *cf.* G. Gusdorf, *op. cit.*, p. 47.

la connaissance du monde et de soi-même, dans la pensée médiévale, apparaît ainsi non pas comme une résolution intelligible selon le mode euclidio-cartésien, mais comme une symbolique universelle, se donnant pour tâche de retrouver partout l'ordre de Dieu, dans sa création.

Un troisième exemple que nous donnons est celui de la tradition brahmaniste où les philosophes-poètes des Upanishads

> cherchent le principe de l'univers. Ils trouvent cette unité au fond des hommes. L'âme, pour eux, était d'abord le souffle vital (l'âtman); ils y voient bientôt l'intimité de chacun, de chaque chose, le même principe universel et divin de tout être et de l'univers[119].

Ici encore on voit une ressemblance entre cette totalité rationnelle et le modèle épistémologique des savoirs anciens d'Afrique.

Un dernier exemple: la brillante tradition scientifique et technologique de la Chine ancienne et médiévale dont l'histoire montre la supériorité sur celle de l'Europe médiévale n'a pu se passer d'une conception «organiciste, selon laquelle chaque phénomène est lié à tous les autres suivant un ordre hiérarchique, qui a universellement prévalu chez les penseurs chinois[120]». Le spécialiste[121] de l'Histoire de la science chinoise, Joseph Needham qualifie ce modèle rationnel de «matérialisme organique[122]», opposable à l'option mécaniciste que la modernité doit à René Descartes surtout.

Les exemples cités ici s'accordent avec l'avis selon lequel la référence faite (par des philosophes[123], et ethnologues), à la géographie pour souligner que certaines sociétés possèdent, en exclusivité, la rationalité organique, résiste de moins en moins aux travaux d'histoire[124] et d'anthropologie des pôles de savoir méconnus parce qu'auparavant très peu étudiés avec méthode et ardeur. Si par exemple on peut féliciter

119 P. Ducassé, *Les Grandes philosophies*, Paris, PUF, 1978, p. 11.

120 J. Needham, *La science chinoise et l'occident*, Paris, Seuil, 1973, p. 14.

121 *Idem.*

122 *Ibidem.*

123 Nous faisons allusion entre autres à Heidegger, Hegel.

124 Nous faisons allusion non seulement aux travaux pointus d'histoire des sciences antiques et médiévales, sur le monde arabe, la Chine, l'Inde (avec des auteurs comme J. Needham, A. Djebbar...) mais également à ceux d'anthropologie des savoirs et savoir-faire non occidentaux dans laquelle Malinowski s'est illustré.

Alexandre Koyré (qui attribue, dans ses *Etudes d'histoire de la pensée scientifique,* l'invention de la géométrie aux Grecs et non aux harpédonaptes égyptiens) pour sa bonne connaissance historique de l'antiquité grecque, on doit également souligner dans ses travaux une absence totale d'études historiques empiriques sur les sciences égyptiennes qu'il apprécie sans aucune connaissance des hiéroglyphes.

Avant les mutations épistémologiques essentielles dont la modernité tient sa matrice et son originalité, il n'a existé à notre ère, ni en Occident, ni en Orient, ni ailleurs, ce modèle de savoir qui porte résolument le projet de maîtrise et de domination de la nature.

La récusation de la référence à la géographie révèle les limites objectives des travaux sans fondements empiriques qui attribuent aux civilisations autres, à titre de distinction exclusive et essentielle, le modèle épistémologique de la «symbolique universelle» ou du «matérialisme organique» ou encore de la rationalité organique.

La vision du monde qui apparaît comme la «matrice disciplinaire» des savoirs anciens et qui rend compte des formes d'organisation en inadéquation avec l'entreprise moderne de la recherche, constitue plutôt une culture constituante et non constituée.

Le vocabulaire mertonnien d'ethos de la science peut autoriser largement l'idée que les habitudes culturelles et les coutumes modèlent l'intelligence et le contexte productif de la découverte. Coutumes et habitudes culturelles peuvent avoir fonction d'obstacles épistémologiques. Gaston Bachelard[125] pense avec raison que l'histoire des savoirs présente la science comme «l'esthétique de l'intelligence» i.e. un «dynamisme psychique autogène» dont la victoire sur les lourdeurs et les lenteurs de l'esprit caractérise le rythme. Ceci étant, il est fondé de dire que les coutumes et les habitudes qui ont valeur de paradigme dans les savoirs anciens constituent une culture constituante et non une exclusivité africaine, en tout temps revendicable.

125 G. Bachelard, *La formation de l'esprit scientifique*, Paris, Vrin, 1993, p. 10.

2. Le schéma épistémologique du sous-développement scientifique

2.1 *La rationalité organique*

Il importe peut-être de se dire que tout savoir traditionnel inscrit sa rationalité dans une vision intégrale ou totalisante du monde. La rationalité organique, dont nous allons parler, correspond à cette image cosmobiologique-sociale du monde dont Georges Gusdorf[126] dit qu'elle avait prévalu aussi bien en Occident antique et médiéval qu'en Orient et ailleurs. Par définition:

> si l'on réduit à l'essentiel ce modèle épistémologique, on peut dire qu'il offre le schéma d'une biologie, c'est-à-dire d'une ordonnance vitale, englobant dans ses cycles de renouvellement l'ensemble des êtres et des choses. La solidarité organique du réel total reçoit de haut en bas ses impulsions directrices [...] Le savoir consiste dans la mise en lumière de cet ordre transcendant, qui se réalise en nous et hors de nous, le microcosme humain se trouvant de toute nécessité accordé sur le macrocosme sidéral dont il subit la loi [...] Les structures de l'univers peuvent s'exprimer en structures de pensée; l'homme soumis à la loi, peut prendre conscience de la loi[127].

Les savoirs anciens d'Afrique traditionnelle s'inscrivent dans une rationalité conforme à ce modèle épistémologique. Ainsi que le dit Alassane Ndaw, «l'épistémologie traditionnelle africaine relève donc plus de l'unité que de l'analyse. Connaître une chose, c'est être en union avec elle, lui être intérieur, et l'aborder du dedans[128]». Le schéma épistémologique traditionnel[129] évite une lecture fragmentaire des savoirs. C'est assez connu, les savoirs médicaux par exemple n'ont pas d'efficacité sans leur association à une totale connaissance de l'état des relations avec le destin, les ancêtres, les divinités, la société et la nature.

126 G. Gusdorf, *Introduction aux sciences humaines*, Paris, Ophrys, 1974, pp. 34-35.
127 *Idem.*
128 A. Ndaw, *La pensée Africaine*, Dakar, NEA, 1983, p. 84.
129 L'argumentaire qui suit doit son contenu empirique aux sources que voici: A. Ndaw dans son ouvrage cité; D. Zahan, *Religion, spiritualité et pensée africaine*, Paris, Payot, 1970; M. Griaule, *Dieu d'eau*, Paris, Fayard, 1966.

Loin d'être des fragments, les savoirs traditionnels conduisent l'individu à redécouvrir son unité anthropologique avec la société, la nature, la réalité surnaturelle. Les formes traditionnelles du savoir vont se révéler une connaissance de l'harmonie préexistante. Nous le montrons ici en nous fondant sur un trésor anthropologique de plus en plus abondant[130].

Les savoirs anciens africains, nous entendons ceux qui ont existé avant, avec et après la colonisation, vont des cosmogonies, des cosmologies, des connaissances médicales et de la nature (vivante et inerte), de la connaissance de la société à la science du monde invisible.

De bout en bout liés, c'est à juste titre que les savoirs anciens font de l'initiation la modalité privilégiée de leur acquisition, ou pour dire plus expressivement, réinstallent l'individu dans le cheminement d'une redécouverte et d'un renforcement de l'ordre qui unifie la nature, la surnature, la société, l'homme. C'est pourquoi l'acquisition du savoir secret ou du secret du savoir est régulée par des mécanismes institutionnels d'intégration de l'individu. Ces mécanismes sont, entre autres, l'initiation (l'éducation), la justice réparatrice.

En effet, les formes variées d'initiation dans les sociétés à castes et sociétés claniques dont les études africanistes ont fourni la synthèse, montrent que les rites d'initiation conduisent progressivement l'individu à se connaître, ce qui est la même chose que connaître la nature vivante et inerte, ainsi que l'ordre social et métasocial. Qu'est-ce à dire exactement? Quelle que soit la forme qu'il revêt, l'accès initiatique aux secrets du savoir donne à l'individu de découvrir:

- Son identité: il s'agit de la découverte progressive de son sexe, de son groupe d'âge, de sa caste, de son appartenance à une lignée ancestrale et divine. Il est dit de l'individu qui n'a pas fait cette découverte de soi qu'il est un aveugle, un ignorant, enfermé dans la nuit de son enfance. Il ne sait rien.
- L'ordre social: il s'agit pour l'individu, à travers l'initiation ou d'autres formules éducatives, d'intérioriser les tabous, le permis et le défendu, comme connaissance éthique et morale. Le savoir éthique et moral fait de l'individu, non seulement un être moralement équilibré, mais aussi un agent de l'unité et de l'harmonie so-

130 L. Vincent Thomas, *La terre africaine et ses religions*, Paris, Larousse, 1975.

ciale. Connaître les normes sociales est la même chose que veiller à leur respect.

- Ses rôles et statuts sociaux: la découverte du sexe par exemple est beaucoup plus une prise de conscience des rôles et responsabilités de l'individu devenu majeur par le biais du savoir. Un forgeron prend conscience de son rôle et de sa position sociale par la découverte de son appartenance à une lignée ancestrale ou divine.
- Les lois de la nature: les écoles de la science de la nature sont ésotériques. La connaissance des lois et forces des mondes végétal et minéral s'acquiert comme aboutissement de l'initiation.
- Le monde invisible: la bonne connaissance de soi, de la société et de la nature est une ouverture sur le monde surnaturel. Les ancêtres et les divinités qui font et défont les choses dans la nature et la société ne se révèlent et ne révèlent leurs secrets qu'à ceux qui ont atteint la maturité dans leur évolution. Cette maturité initiatique est non seulement la perception des secrets des dieux mais surtout de l'harmonieuse relation qui lie l'homme, la société, la nature physique et le monde invisible.

Disons en résumé que l'acquisition du savoir est une découverte de l'unité du tout cosmique et social. Ainsi que le constate Alassane Ndaw «le processus initiatique propose à l'adepte un circuit systématique et global. [...] Le monde est réellement présenté comme un cosmos, c'est-à-dire un tout organisé, cohérent, un système de relations[131]».

Si l'initiation est un mécanisme institutionnel d'acquisition de la connaissance, la justice réparatrice est le garant de l'unité et de la sacralité du droit révélé dans le savoir. En effet, la violation des lois sociales (l'adultère, le meurtre), des lois de la nature, des lois divines (la profanation d'un cimetière et des lieux de culte, la transgression des tabous) nécessite une restauration de l'unité et de l'harmonie. C'est pourquoi la justice est un mécanisme de régulation et d'équilibre cosmo-socio-anthropologique qui commence par le savoir. Pour des problèmes graves (maladies épidémiques, mort, catastrophe naturelle), la divination offre le savoir des normes transgressées et donne à l'intelligence humaine d'avoir une perception des désirs des dieux et des modalités pratiques de restauration de l'équilibre. En tant que connaissance et reconnaissance

131 A. Ndaw, *op. cit.*, p. 109.

des lois et normes transgressées, la justice réinstalle l'individu dans le groupe, et refait son raccordement avec la totalité.

On aboutit, dans les sociétés anciennes comme celles d'Afrique dont il est ici question, à un modèle épistémologique, il faut le rappeler, qui demande au savoir la découverte de l'unité du tout et la tâche impérative de sa légitimation. Ce modèle épistémologique ne peut s'accommoder d'une rationalité qui institue le procès de l'avoir et du pouvoir. La rationalité organique prescrit une timidité de l'intelligence inventive et auto-inventive et ceci est conforme à une image de l'avoir et du pouvoir.

2.2 Le mode animiste de production et la timidité de la dynamique des technologies ancestrales

Le modèle épistémologique ancien, caractérisé par la timidité de l'intelligence inventive est en conformité avec une certaine image de l'avoir qu'on peut qualifier de mode animiste de production et qui fonde une logique d'évitement du procès du savoir. On n'aura pas tort de dire que les modes traditionnels d'avoir dans les sociétés africaines traditionnelles peuvent être catégorisés dans une production de subsistance. L'ascendance prise par l'agriculture et l'élevage sur la chasse et la cueillette – ce qui est en soi une révolution économique majeure – n'autorise guère une intégration des modes traditionnels de production dans l'ordre des économies de marché. Malgré l'existence du troc et du marché dans les sociétés traditionnelles, on ne produit et on n'échange que pour les besoins du groupe. Une production de subsistance est limitée et n'a d'ambition qu'en proportion du besoin.

Un tel mode de production met l'homme et la nature dans une relation qui accorde à la nature la position la plus privilégiée. Il importe de désigner cette image de l'avoir, mode animiste de production.

Disons d'abord pour des raisons de précision terminologique qu'au sens anthropologique courant, l'animisme est la tendance religieuse qui attribue une âme, une force aux choses de la nature. Comme le résume bien A. Hampaté Bâ:

> entouré d'un univers de choses tangibles et visibles: l'homme, les animaux, les végétaux, les astres etc. l'homme noir, de tout temps, a perçu qu'au plus profond de

ces êtres et de ces choses résidait quelque chose de puissant qu'il ne pouvait décrire et qui les animait[132].

La position théorique qui est plutôt ici élucidée fait de l'animisme la conscience d'une dette trop immense de l'homme envers la nature, laquelle dette met l'homme lui-même dans une position analogue à celle du bébé par rapport à la mère nourricière. De ce point de vue, l'animisme est tout le contraire d'une conception cartésienne de la nature. Si le *Discours de la méthode* parle de la nature dont la «puissance» est «si ample et si vaste», son auteur ne perd point de vue que l'homme est l'auteur des «artifices». Dans la logique animiste, en revanche, la prise de conscience de la puissance «si ample et si vaste» de la nature légitime sa sacralité, ce qui fait de l'homme et de ce qu'il produit des parasites de la nature généreuse. Une des réalités économiques les plus exemplaires de la culture animiste est le fait que face à des situations agricoles difficiles comme la sécheresse, le premier réflexe de l'homme est d'interpeller rituellement la nature.

Parasite de la clémence de la nature, l'économie animiste ne s'accommode pas de l'idée que la puissance de la nature n'est pas séparable du devoir humain d'explorer indéfiniment la puissance de la nature, ce qui est la même chose que créer indéfiniment les artifices.

Se comprend alors la réalité que les savoirs et les savoir-faire des sociétés anciens d'Afrique, quoique abondants et ingénieux, ont eu du mal à épouser la logique démiurgique. Insistons:

Contrairement à une impression qu'a pu laisser l'idée lévy-bruhlienne de l'existence de peuples à «mentalité prélogique», il existe, dans les sociétés traditionnelles, des savoirs et savoir-faire rationnels. Les travaux archéologiques, historiques, anthropologiques, n'ont pas cessé d'enrichir l'inventaire[133] des savoirs et savoir-faire des sociétés traditionnelles. On fait état, par exemple, d'élaborations mathématiques, de savoirs et savoir-faire ethnomédicaux efficaces, de développement de la métallurgie du fer, dans beaucoup de régions.

L'émerveillement que produisent l'abondance et l'ingéniosité des savoirs et savoir-faire traditionnels ne permet pas à l'analyse de perdre

132 A. Hampaté Bâ, *Aspects de la civilisation africaine*, Paris, Présence africaine, 1972, p. 119.

133 Parmi les titres de référence en la matière, citons P. Hountondji (sous dir.), *Les savoirs endogènes, piste pour une recherche*, Dakar, Codesria, 1994.

de vue la lenteur atypique qui caractérise leur révolution ou leur évolution, laquelle lenteur leur offre l'apparence de savoirs et savoir-faire millénaires, à la limite, immobiles, peu volontaristes ou conquérants. S'accommodant d'une production animiste de besoin qui doit plus à la nature qu'à l'homme, on peut comprendre aisément pourquoi les savoirs et savoir-faire anciens font largement l'économie de leur propre procès. En voici une illustration: on a beaucoup parlé, au Togo, dans le domaine agronomique, de la technique culturale (pratiquée par les Kabyè du Nord) dite «culture en terrasse» dont l'ingéniosité pourrait motiver un transfert horizontal[134]. Le propre de cette technologie qui fait parler d'elle c'est qu'elle réussit la mise en valeur des sols rocheux, des montagnes à pente quasi raide. Elle protège le sol contre l'érosion par la transformation de la surface cultivée en escaliers, la canalisation et la retenue de l'eau de ruissellement, facilitant de surcroît l'arrosage en cas de pluviométrie irrégulière. En prenant à témoin la mémoire collective kabyè, il n'est notable dans l'histoire de ce savoir-faire, aucun bouleversement digne d'être qualifié de mutation technologique majeure.

On peut comprendre à présent la réalité selon laquelle la rationalité de l'économie animiste ou du mode animiste de production soustrait les savoirs et savoir-faire traditionnels à l'exigence de révision constante. S'ensuit, bien sûr, un savoir rationnel, mais rarement en mutation significative. La timidité du rythme d'évolution des savoirs traditionnels trouve sa justification, en outre, dans une certaine image de l'autorité.

2.3 *Autorité, restauration de l'équilibre primordial et pratique contrôlée du savoir*

Le calme légendaire des savoirs et savoir-faire anciens, lequel a fait d'eux des pratiques millénaires accumulées, se comprend également selon l'idée que la pratique des sciences, des techniques et des arts prolonge l'autorité en même temps qu'elle confère une autorité publique au sens vrai des termes. Une analyse du pouvoir traditionnel permet de comprendre que c'est l'autorité qui fait la rationalité. La question qui oriente une telle analyse est la suivante: peut-on parler de pouvoir ou d'exercice public de l'autorité dans la plupart des sociétés traditionnelles

134 Une expression que l'anthropologie du développement affectionne de plus en plus.

qui se présentent, à tort ou à raison, au regard des ethnologues, comme anarchistes? Une réponse de synthèse à cette question a été tentée par bon nombre de travaux africanistes dont le livre d'Alassane Ndaw: *La pensée africaine*[135].

Selon cette réponse-synthèse il existe globalement deux «systèmes politiques[136]» en Afrique traditionnelle: les sociétés sans Etat et les sociétés à organisation étatique.

Une société sans Etat est celle «dont le système politique repose sur la cellule familiale et [la chefferie]» et dans laquelle, en conséquence,

> il existe un semblant d'autorité centrale puisqu'on y trouve un chef de village mais le rôle de celui-ci se limite essentiellement au maintien des coutumes et au règlement des différents conflits entre les membres de la communauté[137].

Une société à organisation étatique est celle dont la taille «dépasse le cadre de l'association familiale et atteint celui de l'ethnie, voire de la fédération d'ethnies[138]» et, où un chef s'«impose par son prestige et ses vertus à des groupements proches pour que ceux-ci soient annexés par le premier et que se fonde, alors, un véritable Etat autour d'une ethnie[139]».

Cette réponse-synthèse écarte l'idée de sociétés sans autorité ou pouvoir. Mais il reste que l'analyse nécessite, au-delà de cette réponse, une caractérisation de l'essence et des fins de l'autorité, lesquelles sont, nous semble-t-il, partagées aussi bien par les sociétés sans Etat que par les sociétés à organisation étatique. L'idée de pouvoir dans les sociétés traditionnelles africaines ne peut s'apprécier sans considération du postulat de l'unité du monde visible (l'homme, la société, la nature) et invisible (les ancêtres, les dieux…). Il en découle une unité de l'autorité où le pouvoir temporel contient le pouvoir spirituel et réciproquement. L'exercice de l'autorité par un chef ou un roi serait une aventure périlleuse si celui-ci n'exerce directement le pouvoir spirituel ou n'associe à sa cause les groupes qui ont la prérogative d'exercer le pouvoir spirituel.

135 Ouvrage cité plus haut.
136 A. Ndaw, *op. cit.*, p. 200.
137 *Idem.*
138 A. Ndaw, *op. cit.*, p. 201.
139 *Idem.*

Chez les Ewé[140] devenus, après l'exode que suscita le règne du Roi Agokoli de Notsè, des peuples sans pouvoir central unifié, l'exercice de l'autorité publique (dans les conflits familiaux et intercommunautaires) est indissociable du culte de *togbui-zikpui*[141], i.e. siège ancestral. Au royaume d'Abomey, pour citer un exemple d'Etat pré-colonial organisé d'Afrique occidentale, l'exercice du pouvoir temporel, essentiellement guerrier, conquérant, va de pair (selon la source orale dominante dans le Golfe du Bénin) avec l'image de roi dont l'énormité du pouvoir magico-religieux défie l'entendement.

L'exercice cumulé de l'autorité temporelle et de l'autorité spirituelle incarne la volonté politique de reproduire constamment l'équilibre primordial dans l'harmonie du groupe social malgré son apparence anarchique. D'où le recours récurrent du groupe, en guise de solution ultime, aux ancêtres, aux saints et aux divinités.

L'exercice de l'autorité étant alors, ainsi qu'il vient d'être soutenu, aux fins de la reproduction de l'équilibre primordial, la connaissance de la nature, la maîtrise des savoir-faire et des arts, leur mécanisme d'accès et leur exercice ne peuvent en vérité acquérir le statut de pratiques marginales. Quelle que soit l'étendue de leur marge de manœuvre, puisqu'elles en disposent, les sociétés ou les écoles ésotériques et les individualités qui ont le monopole des savoirs, savoir-faire et arts n'échappent pas à la rationalité de la négociation ou de la restauration de l'unité primordiale. Avant de dire comment, il importe d'apporter une nuance.

Ont le monopole des savoirs et savoir-faire, fondés sur la connaissance de la nature végétale et non végétale, des prêtres, des sorciers, des sociétés ésotériques, des castes qui peuvent aussi bien renforcer l'équilibre de la société que la soumettre à de rudes épreuves. Si dans le cas des évènements malheureux (problèmes climatiques, épidémies, morts, etc.), la divination peut révéler comme cause la colère des ancêtres et des dieux, elle n'écarte pas assez souvent non plus le mécontentement des sociétés secrètes, celles des sorciers par exemple. Dans ces cas, les malheurs sont comme des protestations par lesquelles ancêtres, divinités ou écoles de savoirs invitent l'autorité temporelle et spirituelle

140 Peuples d'Afrique occidentale qu'on trouve dans le sud des actuels territoires du Ghana, du Togo, du Bénin.

141 F. K.G. Nyamadzi, *Culte et rite de Togbui-zikpui et des ancêtres chez les Ewé du Sud-Est du Ghana*, Mémoire soutenu à l'ISPSH, Lomé, 2002.

à renégocier l'équilibre social. Les savoirs traditionnels entrent résolument dans la rationalité de l'unité du tout. Il faut expliciter à présent cette hypothèse d'analyse.

La communion du savoir et de l'autorité, en vue de la renégociation et de la réinvention permanentes de l'unité du tout, prend au moins deux aspects.

Le savoir sert de béquille au sacré pour révéler le sens de toute chose dans la société. Alassane Ndaw a, nous semble-t-il, raison de dire *que* «l'équilibre des réseaux de signification, son maintien contre toute force perturbatrice sont liés au savoir et à la charge impartie au sage[142]». Un exemple d'illustration: le Fa, système dominant de divination connu de certains peuples du Golfe du Bénin (les Yorouba, les Fon, les Adja, les Ewé), est de plus en plus présenté par des mathématiciens[143] comme une axiomatique assez élaborée. Système mathématique, fait de principes, d'axiomes, de déduction, le Fa est l'un des principaux recours des rois, chefs de tribus, prêtres pour interroger les ancêtres, les dieux. Le Fa offre une véritable herméneutique des événements, «une véritable sémiologie, une science générale des signes[144]».

En tant qu'institution sociale, l'initiation peut se révéler un mécanisme par lequel le savoir, les structures qui ont le monopole de sa production n'échappent pas (malgré leur marge de manœuvre) au contrôle social. Chez les Ewé du Togo, du Ghana, du Bénin ou chez les Adja du sud du Bénin et du Togo, le *Hounnon,* prêtre de culte *Vodou*, est également un détenteur de savoirs. Il exerce la médecine aussi bien par ses acquis et dons spirituels que par une riche connaissance botanique, chimique. Les commandements éthiques ou moraux dont l'observance est prescrite à un prêtre de culte *Vodou* au cours de l'initiation a valeur de serment d'Hippocrate. Outre qu'elle est une formation spirituelle, l'initiation du prêtre traditionnel est aussi un rappel de dette morale du sage – au double sens de *sophos* – envers la société.

142 A. Ndaw, *op. cit.*, p. 110.

143 Nous citons en guise d'exemple: V. Houndonougbo, «Processus stochastique du Fâ: une approche mathématique de la géomancie des côtes du Bénin», in P.J. Hountondji, *Les savoirs endogènes*, Dakar, Codesria, 1994.

144 Selon l'expression de J.P. Vernant, «Paroles et signes muets», in *Divination et Rationalité*, p. 10.

2.4 *Rationalité organique et sous-développement scientifique*

Qu'appelle-t-on, après tout, la rationalité organique? Disons en guise de préalable à la réponse que les sociétés traditionnelles n'ont pas l'exclusivité des relations réciproques qui lient le savoir, le pouvoir et l'avoir. Nous le dirons dans la deuxième partie: le rapport dialectique qu'entretiennent entre eux le pouvoir, le savoir, l'avoir est moins innocent dans les nations modernes que dans les traditions anciennes. Ceci dit, le modèle épistémologique que définit la rationalité organique n'est pas la simple image miniaturisée de la rationalité moderne.

La rationalité organique est, par définition, celle qui pose tout

> d'un seul tenant où l'homme fait corps avec le monde, l'individu avec le clan, l'intérieur avec l'extérieur, un monde de participation où l'homme se cherche dans les êtres du monde et se trouve à partir de l'univers[145].

Définie et placée aux antipodes de la rationalité moderne, constamment inventive, conquérante, dominatrice, la rationalité organique (dont les traditions africaines n'ont pas l'exclusivité, il faut le rappeler), est une logique culturelle dans laquelle la société inscrit sa vie organisationnelle et son projet. La notion de logique culturelle paradigmatique peut renvoyer à celle d'une *Weltanschaung* qui colonise non seulement la conscience et toute la vie psychique mais aussi les manières d'agir, de produire et de savoir. Selon les termes de Youssouph M. Guissé:

> la culture d'une société à un moment déterminé de son histoire est l'expression consciente, figée et dynamique, que les hommes qui la composent ont de leurs activités économiques et politiques, de leurs rapports physiques avec la nature ainsi que des rapports sociaux existants entre eux[146].

Il faut ajouter qu'il y a chez l'homme une expression inconsciente de sa culture.

Placée dans le contexte des savoirs traditionnels, la rationalité organique ne saurait avoir une fonction d'obstacle épistémologique. Mais la logique culturelle paradigmatique de la rationalité organique, en re-

145 Selon les mots d'E. Dardel, in *Magie, Mythe et Religion*, p. 206.

146 Y. M. Guissé, *Philosophie, culture et devenir social en Afrique noire*, Dakar, NEA, 1979, p. 123.

vanche, entretient un paradoxe dans les sociétés en quête de modernité, lequel paradoxe a valeur d'obstacle épistémologique. Comment?

Tout en étant résolument engagées dans le projet de modernité, les sociétés africaines actuelles n'ont toujours pas fini de se passer de la logique de la reproduction d'une rationalité en réalité antithétique à la modernité. Une illustration:

On a beaucoup dit, au nom du bilan du sous-développement, que les économies africaines contemporaines dont les prétentions à la modernisation abondent dans les discours et slogans officiels sont gangrenées par des valeurs antithétiques à la rentabilité et à la rationalisation (valeurs antithétiques que sont entre autres, le tribalisme, le népotisme). Experts syndicalistes et bailleurs de fonds ont reproché ces maux aux sociétés d'Etat et sociétés multiétatiques qui ont fini dans la faillite. On peut dire que la gestion des économies africaines contemporaines est largement tributaire d'une mentalité peu favorable à la modernité. Ce paradoxe caractéristique du sous-développement en général, est en particulier un sous-développement de la tradition africaine naissante ou renaissante de la science dont les ambitions sont complètement en déphasage avec le mode de production dominant, l'image de l'autorité et avec la vie organisationnelle sociale. Un deuxième exemple: l'image artisanale de la production africaine des biens et des prestations de service, contraste avec le défi politico-institutionnel de la modernisation de la production scientifique et du transfert des technologies. Car en fait, le défi de la modernisation de la production du savoir est indissociable d'un autre défi, le défi de la modernisation de la production économique. On considère particulièrement ce paradoxe comme obstacle épistémologique parce que le déphasage entre, d'une part, mode de production, vie sociale, conception de l'autorité, et d'autre part, l'image du savoir semble spécifier massivement les nations africaines comme des lieux privilégiés de production:

- des rudiments de la science puissante
- d'une science marginalisée de la production économique immédiate, de l'exercice de l'autorité et du savoir dominant
- d'une science dont l'ambiguïté du statut social donne l'impression qu'elle est orpheline des politiques scientifiques rationnelles

– d'une science dont la dynamique constamment créatrice et autocréatrice n'est toujours pas partie intégrante de la vie organisationnelle et de l'évolution de la société.

Bref, pour parler comme les auteurs de *L'Ecrivain public et l'ordinateur*,

> l'anthropologie, l'ethnologie et la sociologie comparée ont montré toute la cohérence et la légitimité des représentations et des comportements dont la logique n'a pas été trempée aux sources de la rationalité occidentale. Cette différence est en fait toujours présente dans les sociétés industrialisées, mais elle y joue un rôle marginal dans les mentalités, en fonction même de la généralisation d'une éducation nourrie de la culture et de la pratique scientifiques. Dans les pays en développement, c'est avec cette différence que doivent compter la diffusion de la culture technique propre aux sociétés industrialisées, la formation des chercheurs et la reconnaissance des institutions qui transmettent et renouvellent les connaissances scientifiques[147].

En retenant la culture comme ce qui rend compte fondamentalement des diverses manifestations du sous-développement scientifique dont on ne peut finir l'inventaire, on peut s'entendre, au terme de cet essai d'analyse, sur deux observations.

La modernité, dont les sociétés africaines contemporaines ont fait l'option délibérément, soumet celles-ci à une mutation culturelle essentielle, une mutation paradigmatique qui n'a toujours pas encore atteint son stade de normalité (peut-on dire sous inspiration du vocabulaire kuhnien[148] de science normale) garant de son authenticité et de sa dynamique créatrice ouverte.

Ce qui vient d'être dit sous-entend que les politiques ou programmes volontaristes de développement de la science ne peuvent se défendre que comme incarnation de la mutation paradigmatique des sociétés traditionnelles qui négocient la modernité.

147 J.-J. Salomon et A. Lebeau, *L'écrivain public et l'ordinateur*, Paris, Hachette, 1988, p. 97.

148 Th. Kuhn, *La structure des révolutions scientifiques*, Paris, Flammarion, 1983.

Deuxième partie

Prospective d’une tradition de la science: le sens des mutations en cours

Introduction

L'observation des sociétés en développement permet de convenir, tout à la fois, de la réalité de nouvelles traditions de la science contemporaine et de l'existence d'obstacles objectifs qui restent à surmonter. Mais en considérant la dynamique du projet de modernité et des faits de développement, l'étude épistémologique du contexte de la découverte de la science en Afrique rend compte également des mutations sociales, mutations qui semblent inscrire dans l'ordre des possibles l'appropriation du projet de la modernité technoscientifique. L'épistémologie du sous-développement de la recherche ne peut éviter pour ainsi dire d'être aussi une pensée prospective qui lit, au travers du projet des sciences modernes et des mutations de sa terre d'accueil, l'horizon d'une tradition de l'invention/innovation.

C'est que l'horizon des sciences dans les nations émergentes doit se lire à partir du projet ouvert de la science moderne elle-même. Plus exactement, il doit se lire dans le projet d'application de la science et dans les mutations sociales et culturelles que son expansion provoque.

Dans ce sens la pensée prospective de l'horizon de la science africaine naissante ou renaissante doit revisiter, d'une part, la référence qu'est le projet du savoir moderne. Elle doit, d'autre part, prendre acte des mutations sociales multiformes induites par la vocation colonisatrice de la rationalité technoscientifique. En Afrique, ces mutations sociales et culturelles, encore timides bien évidemment, sont notamment:

- la transformation de la production et des mécanismes de reproduction sociale
- la transformation de l'image, des ressources et structures du travail intellectuel
- la transformation de la culture.

Chapitre 5

Caractérisation de l'horizon du projet de modernité technoscientifique

Les problèmes épistémologiques que n'ont toujours pas fini de susciter les différentes trajectoires qu'a prises l'engagement progressif des sociétés européennes et non européennes dans le projet de modernité, nécessitent pour leur justification contextuelle, bien évidemment, un inventaire des normes, valeurs et structures des sociétés d'accueil. Mais le recours à la nature et au projet des sciences modernes nous semble nécessaire pour éclairer les perspectives et programmes d'accueil des sciences. Malgré l'immensité et la richesse des travaux sur la modernité scientifique, la revisite de la rationalité technoscientifique, de ses fondements, de sa singularité garde une portée opératoire dans l'élucidation des modalités historiques et sociales d'accueil[149] de la culture de la science.

Les technosciences ont donné aux notions de travail, de décision ou d'organisation sociale, des contenus sémantiques radicalement nouveaux. L'on peut comprendre pourquoi les formes d'organisation traditionnelle de travail, de l'agir, du penser défendent péniblement leur légitimité devant les logiques d'enracinement de l'esprit scientifique moderne. L'hypothèse que l'on veut ici valider est la suivante: conformément à sa nature et à son projet, la science moderne s'inscrit dans une rationalité de conquête non seulement de l'avoir, de l'agir, de l'être mais aussi des espaces culturels.

149 La littérature sur cette question connaît une variété terminologique: choc technologique (H.R. Bernard et P.J. Pelto), résistance au changement technique (J.-J. Salomon), violence technologique (S. Diakité), appropriation collective du savoir (P. Hountondji), domestication de la science (M. Towa).

1. Nature du savoir moderne et horizon de la rationalité technologique

Il nous semble que c'est dans la nature même du savoir moderne qu'il faut lire le projet qu'est la rationalité technologique, devenue infiniment innovante, omniprésente, dominante. Ce projet inédit qu'on appelle souvent, sous une inspiration husserlienne, paradigme de l'application[150], pour caractériser la nature de l'entreprise scientifique, ses intérêts, ses normes et ses valeurs, a fondamentalement auguré une vision du monde que l'intuition cartésienne sur l'avenir de la science a le plus débrouillée[151].

Cette surestimation de Descartes (par rapport à d'autres auteurs de son époque) dans l'intelligence de la vocation transformatrice du savoir moderne peut se concevoir aisément dans la mesure où la capacité de «prévision méthodique» et d'«application rigoureuse» des sciences modernes n'est, dans la perspective cartésienne, ni un mythe, ni un rêve utopique. La position cartésienne n'est pas strictement identifiable au mythe de Prométhée ni au mythe de la Genèse qui exhortent l'homme à soumettre et à dominer la nature et la création divine. La position cartésienne est encore moins identifiable à celle des utopistes qui ont fait l'apologie de la cité idéale dont l'organisation est programmée pour être fondée sur la science. Ce qui différencie fondamentalement la conception cartésienne de la modernité des mythes et utopies qui ont fait l'apologie de la volonté de puissance de la science, c'est que le philosophe français estime que c'est dans les pratiques scientifiques nouvelles dont la sienne propre est un exemple qu'il pressent l'horizon des possibles qu'offre la connaissance de la nature.

Cette surestimation de Descartes n'est donc pas une sous-estimation des velléités modernistes du mythe de Prométhée ou du passage du livre de la Genèse auquel il est fait allusion ici, ou même de la *Nouvelle Atlan-*

150 E. Husserl, *op. cit.*, p. 249.

151 Bien entendu cette surestimation de Descartes n'est pas une sous-estimation du rêve baconien (*New Atlantis, O*xford éd. A.B. Gough, 1924). Le sens et le contour du paradigme de l'application intègrent le but de la fondation baconienne. C'est pour éviter de prendre le projet de la science moderne, éloquemment présenté par savants et philosophes pour un rêve sans contenu réel qu'il importe de partir de Descartes.

tide de Francis Bacon. Elle souligne simplement que c'est la position cartésienne de la 6ème partie du *Discours de la méthode* qui garantit la réalité des mythes et utopies apologétiques de l'horizon des possibles ouvert par l'aventure des sciences modernes. Et c'est en se référant à la position cartésienne qu'on comprend mieux la réalité des mythes et utopies. Il faut prendre garde de ne pas réduire la dernière partie du *Discours de la méthode*[152] à sa forme résiduelle habituelle (les sciences rendront les hommes «comme maîtres et possesseurs de la nature») qui rend opaque le projet révolutionnaire de la description cartésienne de la nature des nouvelles sciences.

Descartes convient que les principes du nouveau savoir diffèrent de ceux de la science de «l'école», c'est-à-dire le savoir pré-cartésien. Nous n'insistons pas, outre mesure, sur la ruine, par la critique cartésienne, de tout l'édifice du savoir ancien, selon l'auteur, fondé sur «doutes» et «erreurs». C'est connu. Nous insistons ici moins sur l'opposition des principes modernes de la science à ceux de la science antique que sur le projet politique radicalement nouveau que la nature de la science inspire.

Du nouveau savoir, Descartes dit qu'il ne peut se soustraire à la «loi» qui oblige à procurer «le bien général de tous les hommes». Cette conviction est autorisée et renforcée par les «notions générales» et les possibilités qu'affiche la nouvelle «connaissance de la nature», nature dont la «puissance» est «si ample et si vaste». Chez Descartes, on peut alors parler d'une intuition singulière, celle de la capacité congénitale du savoir moderne (dans toutes ses composantes) à être «utile à la vie».

La connaissance de la force et des actions «du feu, de l'eau, de l'air, des astres, des cieux et de tous les autres corps[153]» se révèle capable de donner aux hommes de jouir «sans aucune peine, des fruits de la terre et de toutes les commodités qui s'y trouvent[154]». Descartes fait allusion aux immenses usages ou métiers auxquels peuvent s'appliquer l'astronomie, la physique, deux sciences qu'il pratiquait.

La médecine, savoir qui a l'obligation, selon Descartes, de sortir de son stade rudimentaire d'alors, a la possibilité, si elle est cultivée,

152 R. Descartes, *Discours de la méthode (suivi d'extraits de la dioptrique, des météores, de la vie de Descartes, du monde, de l'homme et lettres)*, Paris, G. Flammarion, 1966, p. 84.

153 *Idem.*

154 *Ibidem.*

[d']exempter d'une infinité de maladies, tout du corps que de l'esprit, et même aussi peut-être de l'affaiblissement de la vieillesse, si on avait assez de connaissances de leurs causes et de tous les remèdes dont la nature nous a pourvus[155].

Bref, c'est l'immensité de la puissance de la nature, constamment éclairable par la pratique du nouveau savoir, qui conforte l'idée cartésienne, selon laquelle «la connaissance de la nature» a la capacité d'offrir «une infinité d'artifices» et de rendre les hommes comme «maîtres et possesseurs de la nature». Autrement dit, l'immensité de la «puissance de la nature» et la capacité qu'a la «connaissance de la nature» d'inventer infiniment des «artifices» donnent au savoir moderne d'offrir des possibilités toujours ouvertes. Parlons encore de cette capacité congénitale de la science nouvelle en proposant une réflexion sur la notion de possible, synonyme de ce qui n'a pas de limite, ou de l'infini. Une telle réflexion va faire de l'utopie baconienne de la création d'une cité idéale (Maison de Salomon) organisée et gérée scientifiquement, un rêve dont la position cartésienne garantit la réalité.

En effet, Francis Bacon qui est un des pères du paradigme de l'application écrit dans *New Atlantis:*

Le but de notre fondation est la connaissance des causes et des mouvements secrets des choses, et l'extension des limites de l'empire de l'homme, afin d'exécuter toutes les choses possibles[156].

Evidemment Bacon établit un pont entre la connaissance des «causes», des «mouvements secrets des choses» et la possibilité d'agrandir les limites de l'empire de l'homme. L'empire de l'homme, c'est toutes les choses possibles voulues par l'homme. Le projet de modernité que porte la fondation baconienne est saisissable dans toute sa portée par une réflexion sur le contenu sémantique de la notion même de possibilité, dont l'évocation par Bacon semble consciente. En se situant entre le réel et le néant, l'empire du possible est immense, sans bornes envisageables, il est infini. Le possible est la possibilisation de ce qui semble ne pas exister, la fuite des frontières du néant, qui autorise l'extension infinie des limites du réel, de l'être. Le possible est un défi lancé à la conquête de ce qui n'a pas de borne.

155 R. Descartes, *op. cit.*, p. 85.
156 F. Bacon, *New Atlantis*, A.B. Gough, Oxford, 1924, p. 135.

Il se dégage de ce commentaire que le paradigme de l'application correspond à la rationalité technologique dont la vocation innovatrice, colonisatrice, omniprésente reste à jamais ouverte.

C'est par leur capacité congénitale d'innover sans cesse et de faire désormais irruption dans tous les aspects de la vie, de la société, de l'histoire, de la culture que les technosciences s'engagent à redéfinir ou à influencer du moins, le sens du travail, de l'agir, du penser, du sentir.

2. La vocation colonisatrice de la rationalité technologique moderne

La vocation colonisatrice de la rationalité technologique moderne ne s'entend pas ici dans l'unique sens de son aventure de conquête des sociétés qui sont demeurées longtemps étrangères à elle. Son sens fort est plutôt celui de la dynamique de la culture technoscientifique qui ambitionne de soumettre, à son réajustement permanent, la vie, la culture, la société et l'histoire. Autrement dit, on ne peut plus méconnaître la réalité selon laquelle le travail scientifique ou intellectuel occupe dans l'organisation des sociétés modernes, une position privilégiée. Nous montrons ici que, principale force productrice immédiate, instrument de décision, le travail scientifique nouveau ne cesse de tourmenter les valeurs les plus sublimes de la vie, qu'il cherche, de manière récurrente, à redéfinir.

2.1 La domination de la production et de l'économie par le travail scientifique

A voir les vastes et importants secteurs économiques africains dont les technologies productrices demeurent, encore en ce début du 3ème millénaire, rudimentaires, on est en droit de se demander s'il est fondé de retenir pour irréversible la réalité de la domination de la production et de l'économie par le travail scientifique. Il nous semble que, de par son engagement – redevable à sa nouvelle nature – à produire indéfiniment des artifices «qui feraient qu'on jouirait sans aucune peine des fruits de la terre et de toutes les commodités qui s'y trouvent» (Descartes), l'entreprise du travail scientifique va s'affirmer de plus en plus comme inséparable de toute formule de modernisation de la production et de l'économie. Cette réalité est contenue dans le projet idéologique de société qu'a auguré ce qu'on appelle le pouvoir de «prévision méthodique» et d'«application rigoureuse» de la science moderne.

Pour l'auteur de *Le capital*, la science est loin d'être au centre de la production industrielle, elle n'en est qu'une servante. Soucieux d'une fin de l'histoire heureuse et humaniste, Marx considère que l'industrie, dans sa vie autonome, se sert des découvertes scientifiques au même titre que des «forces physiques appropriées à la production telles que l'eau, la vapeur, etc.[157]». Le modèle industriel auquel *Le Capital* fait référence justifie la timidité productive de la science moderne qui n'a en réalité découvert sa vocation de «science militante», partie intégrante de la modernisation des modèles productifs et économiques, qu'au cours de la dernière moitié du XIXe siècle. Il faut convenir avec Habermas, qu'«après Marx», la théorie marxiste de la valeur du travail doit être révisée, afin de donner au travail scientifique sa place de «première force productive» et son rôle dominant dans les économies actuelles. Jürgen Habermas pense en effet que la science et la technique ont de plus en plus un primat fonctionnel dans les sociétés actuelles. Habermas donne ainsi raison à Huxley lorsque ce dernier souligne:

> Savoir c'est pouvoir, et par un paradoxe apparent il se trouve maintenant que ce sont les scientifiques et les techniciens qui, grâce à leur savoir de ce qui se passe dans un monde non vécu d'abstractions et de déductions, ont acquis cette puissance immense et croissante qui est la leur, dirige et modifie le monde[158].

Cette puissance immense et croissante du travail scientifique se comprend dans la mesure où les performances industrielles des firmes et leur position dominante sur le marché libéralisé se mesurent à leur propre capacité d'innovation et d'invention technologique. Sur le marché désormais mondialisé, la bataille économique entre les multinationales, tout en étant politique, demeure marquée du sceau des performances

157 K. Marx, *Le capital*, Livre I, chapitre 15, *Œuvres*, Editions de la Pléiade, tome I, p. 931. J.-J. Salomon considère que la pensée de Marx dote la science d'un statut ambigu. Voir *Science et politique*, Paris, Economica, 1989, p. 83.

158 Cité par J. Habermas dans *La technique et la science comme idéologie*, p. 77.

technologiques protégées. On peut citer l'exemple de l'International Business Machines (I.B.M.)[159] dont on disait déjà dans les années 70 du siècle précédent qu'il contrôle 60 à 70% du marché informatique. Il était représenté dans 127 pays et utilisait 268000 salariés. Cette position dominante de la firme américaine s'explique bien entendu par son chiffre d'affaire qui était de 11 milliards de Dollars US en 1973 et ses soutiens politiques. Mais comme le souligne D. Redor le «potentiel scientifique», les «progrès technologiques», «les recherches fondamentales» sont les vraies clés «de la puissance d'I.B.M». Ce qui est vrai pour I.B.M., il y a peu, l'est actuellement pour le géant Microsoft et d'autres firmes capitalistes.

2.2 L'expertise scientifique et la décision

Dean Acheson, secrétaire d'Etat sous Truman, rapporta dans une interview:

> J'accompagnais un jour, Oppie (Oppenheimer) dans le bureau de Truman. Oppie tordait ses mains en disant «j'ai du sang sur les mains». Plus tard Truman me dit: «ne me ramenez plus jamais ce crétin. Ce n'est pas lui qui a lancé la bombe, c'est moi. Cette sorte de pleurnicherie me rend malade»[160].

Ce témoignage d'un ancien secrétaire d'Etat pose le problème de la confusion de rôle et de responsabilité entre l'expertise scientifique et la décision politique. Cette confusion entre l'espace de décision du scientifique et celui du politique, J.-J. Salomon l'appelle technonature qu'il définit et décrit ainsi:

> Nous appellerons technonature le théâtre de cette relation nouvelle entre le savoir et le pouvoir. La situation du scientifique dans le monde moderne est circonscrite dans un espace de décisions politiques qui affectent ses travaux et que ses travaux influencent. Dans cet espace, la science se réalise comme technique parmi d'autres, elle est manipulation des forces naturelles sous l'horizon des décisions politiques, à

159 D. Redor *La multinationalisation des entreprises*, Paris, Hatier, 1981, pp. 10-11.
160 *Cf. New York Times*, 11 octobre 1969. Cité par J.-J. Salomon, *Science et politique*, Paris, Economica, 1989.

la fois source de nouveaux problèmes pour le pouvoir et tributaire des objectifs que celui-ci poursuit [...][161].

Les problèmes de responsabilité qui se trouvent ainsi posés aux scientifiques, disait l'auteur dans la Préface à l'édition de 1989, n'ont pas cessé de rebondir et de s'étendre, du nucléaire aux recherches biomédicales, de l'informatique à l'environnement.

Nous considérons quelques exemples en guise d'arguments illustratifs de cette confusion des rôles et responsabilités qu'incarne l'expertise scientifique moderne, plus militante que jamais.

Le premier exemple porte sur la naissance des tout premiers ordinateurs à la demande des décideurs militaires à des fins militaires dans un contexte de guerre. En effet, aux Etats-Unis d'Amérique, les premières recherches sur la conception et la construction des calculateurs géants – devenus des ordinateurs – furent des projets et secrets militaires. C'est dans le contexte de la deuxième guerre mondiale que la prestigieuse Moore School organisa en 1941 un séminaire d'électronique, financé entièrement par le Ballistic Research Laboratory. Ce séminaire a renforcé la collaboration entre des scientifiques de renom (comme John W. Mauchly du Département de Physique de l'Ursimus Collegeville, J. Presper Eckert) et de hauts responsables du commandement militaire américain. La Moore School signa avec le Ballistic Research Laboratory un contrat qui accoucha du dernier calculateur géant: ENIAC. L'abandon d'ENIAC, dernier des calculateurs pour ses insuffisances opératoires, était motivé par les besoins de l'armée. Le Département du matériel de l'Armée, la Navy, l'Air Force, la commission à l'Energie atomique ont financé la construction des ordinateurs IAS et ILLIAC IV (l'ordinateur le plus puissant du monde jusqu'à la fin des années 60). Ces deux machines étaient la propriété exclusive du Pentagone. Disons en d'autres mots avec Philippe Breton que:

> comme le nucléaire, la guerre et les impératifs de la défense nationale ont permis la rencontre des rêves les plus avancés des meilleurs scientifiques avec les larges possibilités de financement et d'expérimentation qu'offrait l'armée d'un pays hautement industrialisé: les Etats-Unis. De cette conjonction est né l'ordinateur [...]. Ces chercheurs travailleront rapidement aux côtés des militaires – certains de ces der-

161 J.-J. Salomon, *Science et Politique*, Paris, Economica, 1989, p. 26.

niers étaient d'ailleurs des scientifiques mobilisés – pour mettre au point des machines correspondant aux désirs des uns et aux besoins des autres[162].

Le rôle majeur, joué par les ordinateurs dans la recherche balistique à des fins militaires, a donné à des scientifiques mobilisés une position éminemment politique. Au point qu'il est difficile de dire qui du scientifique ou du militaire ou du politique joue le rôle de premier plan dans la décision et la stratégie de guerre. Ce qui fut appelé aux USA «the matter of Robert J. Oppenheimer» est un autre exemple plus expressif de cette confusion de rôle et de responsabilité entre le scientifique et le politique.

L'Affaire Robert J. Oppenheimer[163] montre que les décideurs politiques et militaires ne croient plus à la neutralité des avis d'expertise scientifique. Les accusateurs de Robert Oppenheimer tiennent les avis scientifiques pour des avis politiques.

Dans le contexte de la Guerre froide, Robert Oppenheimer était du rang de ceux qui avaient pratiqué aux USA la science militante. Oppenheimer était un défenseur du «projet Vista», une étude sur les possibilités d'armement nucléaire dont les conclusions sont favorables à la conception d'armements nucléaires tactiques dans le sens de la «guerre limitée et de la négociation avec les Russes». Dans la mesure où le Projet Vista ne partage pas le choix de la «réplique massive», Oppenheimer s'est opposé au projet de la bombe H. Le General Advisory Committee, présidé par Oppenheimer, a des avis défavorables à l'armement thermonucléaire, la superbombe.

Pour ses avis d'expert défendus dans le Projet Vista, Oppenheimer devient un ennemi politique du Strategic Air Command. Oppenheimer est tenu par la Commission Gray pour un security risk. La commission l'accuse d'être sorti de son «rôle de conseiller scientifique pour exercer une influence hautement persuasive, dans des affaires où ses convictions n'étaient pas nécessairement le reflet d'un jugement technique...». Si le chef d'accusation tient Oppenheimer pour un security risk, un agent de l'Union soviétique, c'est que les autorités militaires et politiques américaines n'ont pas sous-estimé la portée politique du projet Vista. Le Pro-

162 Ph. Breton, *Histoire de l'informatique,* Paris, la Découverte, 1987, p. 75. Les informations qui précèdent sont également de cette source.

163 J.-J. Salomon, *Science et Politique*, Paris, Economica, 1969, pp. 291-304. Les informations sur cette affaire sont de cette source.

cès de Oppenheimer traduit à juste titre la fonction politique majeure, de moins en moins contestée, de l'expertise scientifique.

Un dernier exemple qu'on peut évoquer est le rôle politique déterminant que joue aujourd'hui dans les démocraties occidentales les études et sondages d'opinion. Les sondages d'opinion (application des techniques d'investigation des sciences sociales) ont désormais acquis d'énormes pouvoirs politiques: ils modifient des options politiques, des programmes de gouvernement et des partis politiques, détruisent ou créent des vocations politiques.

2.3 La science au cœur de la désacralisation de la morale

La morale contemporaine est en pleine crise de fondement. Cette crise des fondements de la moralité était, pour la conscience européenne, le relativisme culturel et civilisationnel, révélé par la découverte des «vies sauvages». S'il était fondé de parler de crise des fondements de la moralité, c'est parce que les «civilisations autres» posent problème à la prétention de la morale judéo-chrétienne d'être universelle et universalisable. Prétention peut-être légitime, dans la mesure où toute morale a vocation d'être universellement valable, ou pour mieux dire, la vocation de toute morale constituée est de réguler la vie individuelle et collective sur des repères axiologiques fondamentaux. Les repères moraux fonctionnent comme des axiomes dont la «falsifiabilité», pour parler un langage poppérien, est fondée sur des réformes concertées et parfois des révolutions.

La gravité particulière de la crise morale contemporaine semble venir surtout de la réalité que les morales traditionnelles ou fondamentales (la morale africaine, la morale chrétienne, la morale musulmane) n'ont pas fait leur réforme autonome tant le rythme et les problèmes auxquels la rationalité technoscientifique les soumet sont bouleversants.

En parlant de la particularité de la crise morale contemporaine, redevable aux expressions nouvelles de la rationalité technoscientifique, l'on n'entend pas méconnaître la fonction que les vies morales antiques ont reconnu aux savoirs. En Babylonie, à Sumer, on sait le rôle joué par les connaissances cosmogoniques, astrologiques dans la conduite individuelle et collective. En Egypte pharaonique, tout comme dans la Grèce antique, la vie morale est inséparable des savoirs, en général ésotériques, que protègent les temples. On sait que chez les pythagoriciens, milésiens, la connaissance des nombres et des principes premiers de la nature (l'eau, l'air, le feu) permettait au sage une vie harmonieuse faite de paix intérieure.

La spécificité de la crise contemporaine des fondements de la moralité vient de ce que, ce n'est plus, comme par le passé antique, la morale qui sollicite forcément le service du savoir, mais plutôt le savoir qui soumet la morale à un processus inauthentique de réévaluation, dont la morale elle-même n'a pas le contrôle, pour ainsi dire. Cette crise des fondements de la vie morale, induite par l'omniprésence de la rationalité technoscientifique, est vécue comme une atteinte aux normes fondatrices des morales fondamentales comme la morale chrétienne ou musulmane… Il nous paraît juste de prendre à cet effet, toute la mesure de ce que le Vatican appelle la «véritable crise» que constituent le «relativisme» et le «scepticisme» éthiques, non liés uniquement aux pseudo-interprétations du dogme, mais aussi au «développement de la science et de la technique». Si le Pape Jean-Paul II parle dans son encyclique de 1993, *Veritatis Splendor*[164], de «véritable crise», il fait sans doute allusion aux menaces que constitue la logique de redéfinition – à laquelle les sciences ne sont pas étrangères – des concepts fondamentaux de la moralité chrétienne. Cette «véritable crise» contemporaine dont parle le Vatican est également vécue par toutes les autres traditions morales et religieuses.

Indiquons comment cette crise a introduit le relativisme et le scepticisme dans la morale contemporaine par la redéfinition de certains concepts clés de la moralité chrétienne: la personne humaine, la famille, la sexualité humaine.

Le caractère sacré de la personne humaine est mis à rude épreuve par les expériences biologiques et leurs applications. La reconnaissance tacite ou légale de l'avortement dans bon nombre de démocraties européennes est une remise en cause de l'identité et du statut de l'embryon humain. Les diverses formes de reconnaissance sociale contemporaine de l'avortement, dans des démocraties qui prescrivent paradoxalement la peine de mort, sont un refus de souscrire à la doctrine chrétienne qui fait de toute personne humaine un don et un projet de Dieu. En laissant aux parents et à la conscience du médecin la responsabilité de la décision

164 Jean-Paul II, *La Splendeur de la Vérité*, Paris, Mame/Plon, 1993.

d'avorter en cas de grossesse non désirée ou à risque, ou de malformation majeure, les sociétés modernes ont opté pour une désacralisation de la notion de personne humaine.

La sexualité humaine est également désacralisée. Les possibilités immenses de travestissement sexuel et de méthodes contraceptives que les techniques biomédicales offrent, ne font plus du sexe l'identité du genre. Il n'est plus attribué à l'acte sexuel l'amour partagé par des personnes différentes, selon le genre, et complémentaire, pour la continuité de la création, mission considérée divine par les religions.

La désacralisation de l'idée de famille ne souffre plus d'aucun doute dans la mesure où les méthodes de procréation médicalement assistée, substituent à la notion de parents celui de géniteurs. Cette substitution n'est pas neutre. Dans bon nombre de traditions morales, les parents ne sont pas de simples géniteurs. La notion de parent déborde celle de géniteur, par le devoir d'éducation et d'affection qui lui est co-naturel. Or un géniteur peut être, grâce aux performances biotechnologiques et des technologies biomédicales, un simple donneur de sperme, une donneuse d'ovule, ou une prêteuse d'utérus.

En résumé, cette description des manifestations de la «véritable crise» de la morale (au cœur des débats qui remuent confessions religieuses, laboratoires, comités nationaux d'éthique) doit s'interpréter comme une dépoétisation de la vie (et de la morale) que Max Weber définit comme une évacuation des «valeurs les plus sublimes» de «la vie publique». Chez Weber, en effet, la dépoétisation de la vie est synonyme de «désenchantement du monde, d'intellectualisation ou de rationalisation». C'est à juste titre que pour Weber la dépoétisation ou la rationalisation se présente comme un processus de désacralisation de la vie, de ses valeurs sublimes qui ont trouvé refuge dans «le royaume transcendant de la vie mystique» et «la fraternité des relations directes et réciproques entre individus isolés». Max Weber écrit dans *Le Savant et le Politique* plus précisément:

> L'intellectualisation et la rationalisation croissantes ne signifient nullement une connaissance générale croissante des conditions dans lesquelles nous vivons. Elles signifient bien plutôt que nous savons ou que nous croyons qu'à chaque instant nous pourrions, pourvu seulement que nous le voulions, nous prouver qu'il n'existe en principe aucune puissance mystérieuse et imprévisible qui interfère dans le cours de la vie; bref que nous pouvons maîtriser toute chose par la prévision. Mais cela revient à désenchanter le monde. Il ne s'agit plus pour nous, comme le sau-

vage qui croit en l'existence des puissances, de faire appel à des moyens en vue de maîtriser les esprits ou de les implorer mais de recourir à la technique et à la prévision. Telle est la signification essentielle de l'intellectualisation[165].

3. La science moderne et son projet de conquête des espaces culturels autres

Max Weber, dans *Economie et Société*[166], pense que la particularité des sociétés occidentales modernes, c'est qu'elles se caractérisent par des phénomènes de rationalisation sans précédent, qui affectent les valeurs, les normes, les représentations, la vie sociale et institutionnelle. Weber a le mérite d'habituer les sciences sociales à comprendre que la «modernisation» des sociétés est un modèle particulier d'organisation sociale. On doit dire que ce modèle particulier d'organisation sociale doit sa justification au projet de modernité dont le travail scientifique est une composante incontestée. Le livre de Francis Fukuyama, *La Fin de l'Histoire et le dernier Homme*[167], aide à comprendre que les sciences modernes ont leur propre modèle social, économique, politique, culturel. Fukuyama dit que la connaissance moderne de la nature «peut paraître dicter une évolution en direction du capitalisme» au plan économique:

> L'expérience de l'Union soviétique, de la Chine et d'autres pays socialistes indique que, si des économies fort centralisées suffisent pour atteindre le niveau d'industrialisation de l'Europe des années 50, elles sont malheureusement inaptes à créer ce que l'on a appelé des économies complexes post-industrielles dans lesquelles l'information et l'innovation technologique jouent un rôle beaucoup plus important[168].

Ce n'est pas tout: au plan politique, les sciences modernes, dit l'auteur, orientent les sociétés vers la démocratie libérale.

Bien entendu, il faut souligner que le processus de modelage des sociétés actuelles par les technosciences sur leur propre projet fondateur

165 M. Weber, *Le savant et le politique*, Paris, Plon, 1959, p. 70.
166 M. Weber, *Economie et Société*, Paris, Flammarion, 1971.
167 F. Fukuyama, *La Fin de l'Histoire et le dernier Homme*, Paris, Flammarion, 1992.
168 F. Fukuyama, *op. cit.*, p. 15.

n'est pas réductible à l'économie et à la politique. Ce processus est plus global, il affecte la vie privée, sociale, institutionnelle, les fondements normatifs des sociétés, en un mot, la culture. Si le travail scientifique moderne porte son propre paradigme organisationnel à l'image de la tortue dont la vie est inséparable de la carapace, on doit comprendre que les processus d'accueil de la nouvelle tradition de la science ne peuvent se passer, des structures, des normes, des valeurs, des us et coutumes, en évolution sans cesse, qui leur sont favorables.

On ne peut, dans les sociétés en quête de développement (ici entendu comme processus social global de «modernisation progressive»), revendiquer la production et l'appropriation des savoirs modernes et savoir-faire sans prêter attention à ce que peuvent être les mutations sociales qu'ils marquent de leurs empreintes et/ou avec lesquelles ils font corps.

Chapitre 6

Technoscience et transformation de la production et des mécanismes de reproduction sociale en Afrique

Le recours à la modernité n'autorise pas, à proprement parler, à concevoir celle-ci à l'image d'un simple produit industriel fini, exportable aux consommateurs que représenteraient des sociétés en quête de développement. Les différents processus de développement des sociétés européennes et non européennes laissent plutôt l'impression que l'engagement des sociétés dans le projet de modernité se réalise comme des expériences sociales, politiques, économiques, culturelles, parfois inédites et particulières. On peut dire que le caractère inachevé de la modernité, dont J. Habermas a parlé, induit la pluralité des expériences de «modernisation» des sociétés contemporaines: l'expression modernité plurielle est empiriquement défendable. Il importe de souligner en revanche que la réalité des «mille sentiers» de l'évolution des sociétés contemporaines ne compromet pas l'identité du projet de modernité. La pluralité des voies de développement n'autorise pas à dissoudre ce projet dans les expériences politico-sociales, économiques, qui s'en écartent objectivement. Il y a pour ainsi dire, malgré la pluralité des aventures du projet de modernité, des attributs constants: par exemple la capacité de la modernité à être un appel de changement social majeur, c'est-à-dire, en un sens, une mutation de la production économique, des mécanismes de reproduction sociale.

L'économie de marché et ses prétentions d'universalisation, la production de masse dont les groupes privés et les gouvernements négocient désormais les mécanismes de performance, les formes variées d'appels sociaux à la réforme de l'Etat, traduisent objectivement des aspects du projet de changement social comme catégorie de la modernité.

Les politiques de développement avaient d'abord parlé de la production scientifique et du transfert de technologies comme un programme isolable de l'environnement social, politique, économique… La réalité est que, en tant que composante essentielle de la modernité, le projet des technosciences semble indissociablement lié à des formes de production économique et de reproduction sociale.

La production et la maîtrise des savoirs modernes et des savoir-faire qui en découlent, font, ainsi que les expériences de développement l'illustrent, obligation, aux sociétés, d'automutation structurelle et organisationnelle.

Nous avons parlé dans le chapitre précédent de la vocation colonisatrice de la rationalité technoscientifique. La modernisation s'affirme, à beaucoup d'égards comme rationalité d'assujettissement de la vie et de la société aux aventures des sciences et technologies. La production économique, l'organisation des sociétés contemporaines, le droit et les valeurs éthiques restent sous l'influence constante du processus global du progrès des sciences et de leurs applications. Sans nul doute, les sociétés africaines contemporaines ne peuvent être tenues pour une exception à la règle. Dans des sociétés sous-développées dont l'organisation et le fonctionnement restent dépendants du monde comme il va, il n'y a pas, en réalité, d'alternative à la rationalité technoscientifique, si ce ne sont des modèles qui l'incarnent autrement. C'est que la résistance à la rationalité technoscientifique n'est pas une alternative pour des sociétés en quête de développement. La rationalité technoscientifique fait corps avec les enjeux et les jeux du monde contemporain, avec le destin des sociétés contemporaines. Vouloir se passer d'elle, dans ce monde ouvert, serait certainement suicidaire pour la société qui en ferait le choix. Il n'est que de voir, pour valider cette position, s'il y a une option économique qui, tout en se passant de l'invention et/ou de l'innovation continues, puisse être une solution crédible aux équations que l'économie dominante pose aux sociétés en quête de développement.

Cette position est, par ailleurs, validée par le fait que la médecine chinoise, par exemple, une pratique autre de l'art de guérir, est devenue la chose des maîtres de laboratoire, d'institut ou de faculté, et se trouve au centre d'importants enjeux économiques. La réalité qu'illustre cet exemple est présente en Afrique, même si elle l'est sous des versions caricaturales. L'on peut faire état, dans ce sens, des collaborations entre les tradithérapeutes et les hôpitaux conventionnels, ainsi que du regain d'intérêt que les laboratoires, instituts, facultés de biochimie, de botanique, de médecine ont pour les savoirs et savoir-faire traditionnels.

Il n'y a pas d'alternative à la vocation colonisatrice de la rationalité technoscientifique qui ne soit pour chaque société engagement dans la rationalité d'invention et d'innovation. Il convient alors d'analyser la mutation globale des sociétés africaines. Cette analyse fait référence au partage du projet de la science moderne en prenant à témoin ses attributs que sont la production économique, le droit, la politique, les réseaux communautaires ou solidaires.

1. Processus d'application technoscientifique et transformation économique

Malgré son sous-développement persistant, l'Afrique n'était pas, en réalité, isolée du processus occidental précoce d'irruption de la production technoscientifique dans le travail et l'économie. Cela vient de ce que le commerce et l'économie ont occupé une place de choix dans toutes les phases du contact que l'Occident a eu avec l'Afrique.

Les explorateurs, les commerçants, les colonisateurs ont énormément influencé l'image de l'économie africaine. On sait que l'envergure du commerce des esclaves, l'essor de certains produits tropicaux, la multiplication et l'intensification des activités des comptoirs commerciaux sur les côtes africaines sont redevables aux ambitions de l'économie occidentale. On sait par ailleurs qu'à partir des explorateurs et des commerçants, l'Afrique est restée en contact ininterrompu avec l'Occident. Cette réalité historique permet de comprendre que les transformations de la production économique européenne, influencées par les sciences et techniques modernes ou le projet des technosciences, ont constamment eu des répercussions (quelles que soient leur ampleur et leur version) sur les orientations de l'évolution de l'économie africaine. Dire qu'avant la période postcoloniale, les transformations de l'économie, par le projet des technosciences, étaient également une réalité africaine n'est, sans doute, pas une simple présomption. Nous illustrons cette réalité en deux points.

Prenant à témoin l'histoire, nous savons que la création des institutions coloniales de recherche répondait également au besoin d'exploitation économique des colonies. Le développement de beaucoup de structures de recherche était motivé par ce besoin de transformer la production agricole et animale, l'exploitation des matières premières suivant la demande de l'économie des métropoles occidentales. Pour prendre l'exemple de l'Afrique Occidentale Française, l'histoire montre[169] que les scientifiques coloniaux et leurs structures d'attache exploraient les études marines, géographiques, météorologiques, géologiques, agricoles. Théodore Monod, devenu en 1938 le secrétaire général de l'Institut Fondamental d'Afrique Noire, avait d'abord travaillé au Muséum National d'Histoire Naturelle (Laboratoire des pêches coloniales), sur les côtes mauritaniennes (océanographie et biologie marine), et sur le Golfe de Guinée, le Tchad, le Cameroun. L'IFAN, dont il était, ne pouvait être indifférent aux études sur les sous-sols et les ressources marines africains. D'un autre côté, la politique scientifique coloniale en Afrique Occidentale Française intensifiait la multiplication des institutions de recherche appliquée au domaine agro-pastoral. Jusqu'en 1950, les travaux sur l'amélioration de la production arachidière, le soja, le manioc... ont pris de l'importance au Sénégal. Très tôt, Bambey a été transformé par le Gouverneur fédéral de l'AOF en un véritable centre d'études agronomiques. En 1913, Bambey abritait une Ferme Agricole Moderne. En 1921, cette ferme devenait la Station Expérimentale de l'Arachide, laquelle était transformée en 1938 en Station Expérimentale du Secteur Soudanais. La station expérimentale prenait, peu après, la dénomination de Centre Fédéral des Recherches Agronomiques de Bambey pour la raison qu'elle était appelée à jouer le rôle de pôle fédérateur du réseau des stations de recherche dans les autres colonies de l'AOF. Le centre de Bambey fédérait les stations de recherches agronomiques du Dahomey, de la Haute-Volta, du Mali, de la Côte-d'Ivoire, de la Guinée, du Niger. Partout, dans les différents territoires sous administration coloniale, la preuve est faite de l'appui que la recherche apporte à la mise en valeur ou à l'exploitation économique des colonies (amélioration véritable des cultures de rente, fertilisation des sols, études climatiques, étude zootechnique et zoosanitaire...). La passion coloniale de développer, dans les territoires administrés, l'étude des cultures, la géologie, la pédologie (étude des sols), constitue pour ainsi dire une première illustration des transformations que la production économique africaine doit au projet d'application des sciences modernes, projet dont l'économie

169 Y. Akakpo, *Inculturation des sciences et techniques*, Dakar, 1993, pp. 86, 148 et ss.

occidentale porte la marque depuis le XIXe siècle[170], bien sûr timidement.

Le second point de cette illustration nous est fourni par les transformations économiques postcoloniales. Quoique rudimentaires, relativement à la production capitaliste et néolibérale, l'industrie et l'exploitation agro-pastorales dans les sociétés contemporaines africaines ne semblent pas indifférentes aux chamboulements souvent introduits sur le marché mondialisé par les innovations technologiques dont le rythme d'évolution devient de plus en plus fulgurant, et donc bouleversant. Une expression de ce problème est le fait que l'amélioration des techniques de production agricole dans les nations avancées, a constamment des incidences sur le marché, et par ricochet, sur les réorientations opportunistes de la production agricole dans les nations africaines. Les changements de cours des produits sur le marché ne sont pas sans incidence sur la production arachidière au Sénégal, le coton malien ou encore le café et le cacao ivoiriens. Une autre expression de ce problème est le fait que les programmes nationaux, régionaux ou continentaux africains de développement n'ont de cesse, depuis les années 60 du siècle dernier, de rêver d'une économie fortement marquée par les transformations scientifiques et technologiques les plus modernes. Le *Plan d'Action de Lagos*, mieux que le NEPAD[171], demeure l'expression la plus radicale de ce projet d'accompagnement des transformations des économies africaines par la dynamique inventive des sciences et technologies. Il est remarquable que ces différentes transformations de l'économie africaine, sous l'impulsion de l'irruption progressive du travail intellectuel dans la production économique occidentale, ont contribué à entretenir des mutations notoires dans les mécanismes africains de reproduction sociale que sont le droit, les us et coutumes.

170 J.-J. Salomon, *Science et politique*, Paris, Economica, 1989, pp. 64-65.
171 New Partnership for African Development.

2. Mutations technologiques et transformations du droit et de la politique

Pour expliquer comment les mutations technologiques modernes sont des appels forts à des transformations dans le droit et la politique, il nous faut partir, avec des nuances, des rapports que Marx établit entre l'économie et le droit.

Karl Marx pense que l'économie a un lien nécessaire avec la structure juridique et politique de la société. Les différents modes de production, que l'histoire a connus, entretiennent des rapports sociaux particuliers réglementés par des formes juridiques et politiques. Dans *L'Idéologie Allemande*, Marx écrit précisément:

> Voici donc les faits: des individus déterminés qui ont une activité productive selon un mode déterminé entrent dans des rapports sociaux et politiques déterminés. Il faut que, dans chaque cas particulier, l'observation empirique montre dans les faits sans aucune spéculation ni mystification, le lien entre la structure sociale et politique et la production[172].

On sait que pour Marx les forces productives en toute période historique sont constituées par la nature, la technique du travail, l'organisation et la division du travail. Se comprend pourquoi, pour l'auteur, le mode de production (rapports de production, structure économique de la société) rend compte du progrès du droit et de la politique. Sans succomber à la tentation vulgaire qui voit dans la théorie marxienne un économisme primaire, il ne demeure pas moins vrai que pour Marx, l'économie explique le droit et la politique.

Les réformes politiques contemporaines montrent que les rapports entre l'économie et le droit ne sont pas toujours de nature déterministe. Il y a parfois des réformes juridiques et politiques que des raisons non économiques (esthétique, religion, dignité humaine) expliquent. Les réformes politiques de plus en plus favorables aux minorités nationales, aux groupes longtemps marginalisés (les femmes, les enfants) ne peuvent se justifier comme simples réponses économiques conjoncturelles. Malgré ces réserves, ce qu'on peut retenir de Marx c'est l'idée que les

172 K. Marx, *L'Idéologie Allemande*, Paris, Editions Sociales, 1972, p. 69.

transformations économiques ont souvent des incidences considérables sur le droit et la politique.

On peut se demander à présent comment les mutations technologiques peuvent entretenir des transformations juridiques et politiques dans la société. En effet, en partant toujours de Marx, nous savons qu'on ne peut comprendre l'économie d'une société sans considérer la composante clé qu'en constituent la technique et les instruments du travail. Aussi nous apparaît-il que le processus d'irruption (qui reste à qualifier) des technologies modernes en Afrique comporte en lui-même un appel à des transformations dans l'organisation de la société, mieux dans sa base juridique et politique. Pour une élucidation plus nette de cette réalité, nous prendrons dans un premier temps le rapport entre économie et droit dans les sociétés traditionnelles.

Nous pensons que les mutations observées dans le droit des sociétés africaines – du droit tribal au droit positif – ont souvent des liens avec les transformations du sens des activités économiques. L'Afrique n'est pas étrangère à cette réalité.

Dans les sociétés traditionnelles africaines, la codification sociale du permis et du défendu est enregistrée dans les us et coutumes. Les us et coutumes réglementent donc la vie sociale, entretiennent et reproduisent l'équilibre de la société. Ce que les us et coutumes codifient, ce sont les mécanismes qui permettent de perpétuer l'équilibre de la société ou de le réinventer s'il est compromis. Tout en perpétuant les traditions, les us et coutumes reflètent les types de conflits (communautaires ou intercommunautaires) réels auxquels les sociétés sont souvent confrontées.

Il est aisé de relever que les conflits et les déséquilibres, dont les us et coutumes sont les solutions réglementées, sont par ailleurs fortement imprégnés des formes (parfois subtiles) que prennent les relations économiques, les modes et technologies de production. Il faut peut-être nuancer cette position pour mieux la défendre.

En effet, parmi les situations les plus récurrentes[173] qui animent les conflits dans les sociétés traditionnelles, il faut noter la profanation et le blasphème, la sorcellerie (conflits d'ordre spirituel et religieux), le mariage, les problèmes familiaux, la chefferie. On peut, en référence à ces exemples, se demander si les réalités économiques ont vraiment des ré-

173 *Cf.* Commission Nationale pour l'UNESCO, *Les mécanismes de règlement des conflits dans les sociétés traditionnelles du Togo*, Lomé, 2001, inédit.

percussions sur ces genres de conflits. Nous l'avons souligné, l'économie n'est pas la seule réalité sociale qui explique le droit. Toutefois il n'est pas faux non plus de dire par exemple que la sévérité des juridictions traditionnelles sur la sorcellerie (un phénomène social catégorisé dans les sphères de la spiritualité) a une portée économique. Chez les Kabyè du Togo par exemple, l'exil (l'isolement du coupable dans la forêt ou ailleurs) comme peine prévue pour des délits de sorcellerie, peut être interprété comme une protection de la force de travail qu'est la jeunesse. Le mariage explique mieux le lien des activités économiques avec le droit dans les sociétés traditionnelles.

Les réglementations juridiques du mariage (endogamie, exogamie) sont au centre de plusieurs enjeux sociaux dont les enjeux économiques productifs. L'endogamie, outre ses fonctions sociales de renforcement des liens familiaux, tribaux (précisément intra-tribaux), est un facteur de développement rapide et de renforcement de la main d'œuvre. L'exogamie est connue comme facteur d'amélioration des relations inter-tribales ou intercommunautaires. Mais elle est également un échange privilégié entre des groupes tribaux économiquement complémentaires (mariage entre agriculteur et pêcheur, etc.).

Nous pensons que le droit tribal traditionnel[174] répond, à beaucoup d'égards, à des enjeux économiques. Ce lien entre le droit tribal et l'économie de subsistance est timide. Cette timidité explique les incapacités de cette économie à rendre compte des transformations remarquables que les technologies modernes introduisent progressivement dans les sphères juridiques des sociétés africaines en mutation.

Nous remarquons que la révolution qu'a connue au XIXe siècle la production économique occidentale, dont on dit qu'elle est l'amorce de la phase de réalisation du projet moderne de «rendre les hommes comme maîtres et possesseurs de la nature», n'est pas sans incidence sur des transformations juridiques et politiques déclenchées par la colonisation. La production économique coloniale, en s'appuyant sur une recherche assez active – visant l'amélioration des technologies productives – a enclenché, il nous semble, le processus de dévalorisation des divers types de conflits traditionnels et de leurs mécanismes de règlements au

174 Au sujet du droit et de la propriété dans les traditions africaines, on peut lire: G.-A. Kouassigan, *L'homme et la terre: droits fonciers coutumiers et droit de propriété en Afrique Occidentale*, Paris, ORSTOM, 1966.

profit de conflits nouveaux, qui partout demandent des refontes dans le droit. Nous prenons ici les seuls exemples des réformes africaines du droit foncier et du droit de la propriété intellectuelle et industrielle. Les guerres intra-communautaires ou inter-communautaires connues en Afrique traditionnelle visaient bien sûr l'extension du territoire et l'autorité des empereurs. L'extension des limites du territoire d'un royaume guerrier est beaucoup plus une extension de l'espace territorial et communautaire (le potentiel humain) d'exercice de l'autorité. L'expansion territoriale d'un royaume et sa richesse en ressource humaine donnent toujours la mesure de la puissance d'un empereur ou d'un roi traditionnel africain. Des guerres ont donc obéi à ces impératifs dans les sociétés africaines traditionnelles.

En revanche des conflits terriens, opposant des membres d'une communauté, étaient inexistants. Le communalisme (pour nous exprimer comme K. Nkrumah) qui est le mode de production des sociétés tribales ne peut inspirer le droit de propriété foncière. En tout cas, les faits indiquent que la révision[175] du droit et de la propriété n'est plus étrangère aux sociétés africaines.

En Afrique, le droit de propriété foncière a commencé à prendre de l'importance avec l'avènement de la colonisation et de sa politique de mise en valeur économique des colonies. C'est peut-être une des raisons qui expliquent pourquoi les réformes du droit foncier ne sont revendiquées avec acuité que dans les pays où les technologies agricoles sont relativement avancées (Afrique du Sud, Zimbabwe, Côte-d'Ivoire). La réforme foncière, présente dans la lutte anti-apartheid et la guerre de libération rhodésienne ainsi que ses affirmations plus ou moins vigoureuses, selon qu'on est au Zimbabwe ou en Afrique du Sud, semblent traduire, au-delà de leur coloration politique, la volonté d'éclosion de nouvelles catégories de producteurs africains.

Le droit de la propriété intellectuelle et industrielle ne peut non plus être un attribut du communalisme. En Afrique traditionnelle, le travail intellectuel et artistique était souvent anonyme. Les inventeurs et les créateurs ne signaient pas toujours leurs oeuvres. Inventées et créées, les oeuvres devenaient la propriété du groupe; le groupe s'en sert gratuite-

175 L'expression révision du droit et de la propriété nous est inspirée par F. Zenati, «Pour une révision de la théorie de la propriété», *Revue trimestrielle de droit civil*, n° 2, Dalloz, Paris, Avril-Juin, 1993.

ment à toutes fins utiles (célébrations rituelles, manifestations esthétiques, santé).

Le droit de la propriété intellectuelle et industrielle n'a commencé en Afrique qu'avec l'hypothèse que le travail intellectuel va jouer le rôle de principale force productive. Il est réel que le travail intellectuel est loin d'être aujourd'hui, dans les nations d'Afrique, la principale force de production. Mais on peut se rendre compte, au moins, que contrairement aux réseaux intellectuels traditionnels et à leurs œuvres, les chercheurs et les créateurs contemporains africains ne noient plus leurs œuvres dans l'anonymat, pour des raisons impératives communautaires. Artistes et chercheurs africains contemporains revendiquent leur droit de propriété. Malgré les lacunes et les divers problèmes qui leur donnent l'image de véritables tigres de papier, les associations et autres mécanismes nationaux, inter-étatiques africains de protection des droits d'auteur et de la propriété intellectuelle sont, au moins, symboliques d'une autre représentation africaine du statut juridique de la création et de l'invention. C'est pourquoi on peut dire que le travail intellectuel contemporain en Afrique appelle à une transformation du droit de la création et de l'invention.

3. Réseaux de solidarité en devenir et initiative créatrice

L'on convient, dans une logique marxiste classique, que les formes variées du travail dans l'espace et le temps ne sont pas sans relation avec les rapports sociaux. Cette position permet de comprendre pourquoi dans les sociétés contemporaines, la production en général a du mal à faire corps avec des formes anciennes et persistantes de solidarité sociale ou réseaux de solidarité. En se révélant, au travers du bilan négatif de la gestion des sociétés d'Etat, antinomiques à la production performante et rentable, les réseaux de solidarité encore résistants comme le tribalisme, le népotisme montrent qu'ils n'ont pas de lendemain. Il nous semble qu'il faut prêter attention à des formes nouvelles de solidarité sociale qui, tout en occupant encore une position résiduelle dans la vie publique ou privée, promettent la modernisation du travail, de l'entreprise productrice et créatrice. En effet la faillite de l'Etat, les crises politiques, les contre-performances des entreprises publiques ont montré que les liens sociaux dans les nations africaines restent largement dominés par les formes anciennes d'organisation sociale comme le tribalisme. Cette forme politique ancienne reposait sur le fondement qui légitimait la société elle-même: l'appartenance du groupe à un ancêtre commun, connu ou mythique. L'organisation tribale de la vie collective entretenait et se nourrissait de ce que Kwame Nkrumah a appelé le «communalisme[176]». L'organisation tribale de la vie collective s'accommodait pour ainsi dire d'une production communautaire et de l'ascendance du groupe sur l'individu.

On doit dire à partir de là, que la principale faiblesse des liens tribaux résistants dans les rapports sociaux contemporains se trouve dans la menace que représentent pour eux les nouveaux intérêts collectifs et les formes nouvelles des réseaux de solidarité dans les milieux urbains et même ruraux.

Cette faiblesse réside d'abord dans le fait que la tribalisation de la vie organisationnelle contemporaine se comprend de plus en plus comme une pure instrumentalisation politique de l'ethnie ou de la tribu. L'instrumentalisation de la tribu se définit comme le commerce politique que représente l'assurance psychologique du groupe d'appartenance dans les mécanismes de conquête, d'exercice et de conservation de l'autorité politique. La vie institutionnelle sociale est complètement dévoyée.

Les ravages dévastateurs de l'instrumentalisation de la tribu en politique (le génocide, la violation des droits de la personne humaine), en économie (la faillite des sociétés d'Etat)... indiquent à la conscience africaine contemporaine que l'avenir engage d'autres rapports sociaux, structurés autour d'intérêts nouveaux émergents. On peut convenir plus aisément à présent que, malgré leur position actuelle résiduelle, les formes nouvelles et émergentes de solidarité urbaine et rurale donnent une idée du devenir des rapports sociaux ainsi que des sens des intérêts qui les légitiment.

En dépit de ce que Jean-Marc Ela a appelé, avec raison, les «ambiguïtés des néo-fraternités[177]», on peut dire que les formes variées infor-

176 K. Nkrumah, *Consciencisme*, Paris, Payot, 1964.

177 J.-M. Ela, *La ville en Afrique noire*, Paris, Karthala, 1983, p. 115. Le sociologue camerounais fait allusion aux intérêts collectifs nouveaux que les gens défendent au travers des regroupements urbains fondés sur la parenté, le village.

melles d'épargne-crédit, les clubs d'entre-aide et de loisirs regroupent de plus en plus des gens d'une même profession (artisans, ouvriers, commerçants d'un même marché). Dans les villes africaines, ces réseaux de solidarité s'ajoutent aux puissants groupes d'intérêts non tribaux que sont les syndicats des travailleurs, les associations patronales, les groupes religieux, les cercles spirituels occultes. Les villes n'ont plus le monopole de ces nouveaux réseaux de solidarité. Dans le monde rural, la production fait apparaître des coopératives villageoises dont les configurations reflètent plus l'origine des ressources, les capacités des associés que les liens familiaux. Dans les milieux ruraux africains actuels, les formes variées d'organisation coopérative dont les tontines, les systèmes d'épargne-crédit, sont des réseaux de solidarité transfamiliaux et transvillageois. Ces nouveaux réseaux ruraux sont la preuve que l'avenir promet un enrichissement de la notion de solidarité en Afrique. La nouveauté radicale en devenir est que les «néofraternités» ou les nouvelles solidarités en perspective en Afrique amorcent la reconnaissance de l'individu et de la propriété.

Malgré la résistance des liens tribaux dans les entreprises d'Etat, la vie politique, les nouveaux conflits interpersonnels dans les villes et villages d'Afrique actuelle mettent en exergue des intérêts liés à l'individu et à la propriété. Les litiges fonciers, au village comme en ville, illustrent bien l'idée qu'à l'avenir la conscience solidaire ne découvrira pas dans l'individu et la propriété des réalités qui lui seraient incompatibles.

En observant que les néofraternités émergentes et en devenir mettent en honneur l'individu et la propriété, nous ne souscrivons pas à un égotisme, en réalité ruineux de solidarité authentique, qui a caractérisé ce que le langage courant appelle capitalisme sauvage. La conscience de l'individualité et de la propriété n'empêche pas, a priori, l'homme de trouver dans autrui son alter ego. La théorie hégélienne[178] présente la propriété comme l'affirmation de la personne dans la chose extérieure qu'elle saisit et en laquelle elle introduit sa volonté. Mais pour Hegel la conscience de la propriété n'est pas au fond le simple attachement de la personne à la chose extérieure qui lui appartient. La conscience de la propriété n'est réelle que comme conscience de relation entre personnes différentes. Ma propriété suppose sa reconnaissance par d'autres per-

178 Cf. G.W.F. Hegel, *Principes de la philosophie du droit*, Paris, Gallimard, 1940.

sonnes. La propriété est un moyen de reconnaissance réciproque. La propriété ainsi conçue est plutôt fondatrice de contrat d'échange et de reconnaissance qui fonde la vie juridique. Il faut ajouter à la théorie hégélienne, que le contrat de reconnaissance ne résiste aux épreuves qu'en raison de sa capacité à donner satisfaction aux parties qu'il lie. Les expressions actuelles de la contestation sociale partout dans le monde (les grèves syndicales, les soulèvements contre l'autorité étatique, la terreur politique) montrent que la propriété elle-même n'est réalisable que si les relations interhumaines qu'elle institue donnent satisfaction aux partenaires. L'éclosion de la conscience de l'individualité, de la propriété dans le devenir africain peut faire corps avec une organisation sociale qui met la solidarité au rang des valeurs de modernité. Il fallait prendre soin de dire que les néofraternités, dans leur projet de redéfinition africaine de la notion de solidarité, seront moins destructrices de l'humanisme africain que promotrice d'esprit d'initiative et d'invention.

D'où vient le lien entre les nouvelles solidarités en devenir et l'esprit de l'initiative créatrice?

Il nous semble théoriquement fondé de dire que le communalisme doit résulter de l'assurance que représente pour l'individu le groupe fondé sur l'idée de parenté et la conscience de la clémence illimitée de la nature. Lorsque les hommes ont l'impression que la nature met à leur disposition des possibilités immenses et infinies, il paraît fou à chacun de dire ceci est à moi. De même, il paraît déraisonnable de créer, d'accumuler et de thésauriser la richesse. Nourri donc par la conscience de l'abondance inépuisable ou infinie et psychologiquement assuré par les réseaux de parenté, l'individu ne produit que le minimum vital: la chasse, l'agriculture, l'élevage de petite taille. La conscience de l'initiative individuelle créatrice est à sa phase passive. La réalité montre en revanche que les réseaux de solidarité émergents sont plutôt porteurs d'un esprit de créativité active que villages et villes africains partagent.

Dans les capitales et villes africaines, le chômage, la pauvreté et la misère solidarisent les jeunes autour de la créativité et l'initiative. Les petites entreprises informelles (commerce, jardinage), la professionnalisation des métiers, le bricolage technologique (radios artisanales) symbolisent, dans les milieux urbains, le développement de l'esprit d'initiative créatrice, le refus de la fatalité de la misère et du sous-développement. Il faut ajouter que l'essor, dans les villes, des associations coopératrices féminines ou mixtes, appuyées par les ONG, a mis en exergue la capacité extraordinaire des femmes et hommes dans la création des activités génératrices de revenus.

Dans les milieux ruraux, la situation n'est pas différente. Les coopératives rurales (les groupements féminins ou mixtes), groupes-cibles des actions des ONG et des partenaires en développement, incarnent une dynamique économique créatrice: extension des chiffres d'affaires des femmes, extension des capacités productives, transfert horizontal de technologies, effort de renouvellement technologique (utilisation de fumier, d'engrais, soins du bétail).

Ces contrastes qu'offre l'observation sociologique des villes et villages d'Afrique nous permettent de convenir que, si les réseaux de solidarité émergents portent l'esprit de créativité, c'est parce qu'ils sont promoteurs de la conscience de dénuement et de précarité chez l'individu. Les nouvelles coopératives n'étouffent guère l'individu. Leur valeur de solidarité n'est effective pour l'individu que comme incitatrice à un refus de la fatalité, à l'amour du défi.

Il faut donc convenir que, malgré leur position résiduelle actuelle, les formes nouvelles et émergentes de solidarité concourent au développement d'un climat psychologique d'inventivité scientifique et technologique.

On peut dire au total que les expériences africaines, dans le partage du projet du nouveau savoir et des savoir-faire qui lui sont liés, entretiennent, timidement bien sûr, des mutations économiques, juridico-politiques, ainsi que la transformation lente des réseaux communautaires ou solidaires. Mais les mutations sociales, en harmonie avec l'irruption des savoirs et savoir-faire modernes et contemporains dans les sociétés africaines, ne se limitent pas à l'économie, au droit, aux réseaux de solidarité. Ces mutations concernent également le travail intellectuel lui-même, son image, ses structures, son potentiel humain…

Chapitre 7

Du processus de transformation de l'image et des ressources du travail intellectuel

En obligeant les sociétés africaines à une évolution globale, l'activité scientifique et technologique semble s'accorder par ailleurs avec un processus de transformation des structures sociales du travail intellectuel. Dans la mesure où la science africaine peut au moins rêver d'avoir des rôles et statuts radicalement autres, les structures sociales de son exercice sont appelées à amorcer leur transformation en profondeur. Cette transformation de l'infrastructure intellectuelle des sociétés africaines est d'abord une quête d'une autre image sociale de la science.

1. Processus de transformation des rôles et statuts sociaux du travail intellectuel

L'image caricaturale dans laquelle les politiques africaines laissent encore la recherche, outre qu'elle émane d'un déficit de soutien à la science, a été comprise, dans la première partie de ce livre, comme une définition ambiguë des rôles et statuts actuels du savoir.

Les politiques africaines ont montré suffisamment qu'en dehors des slogans favorables aux sciences et techniques (au service du développement), elles n'ont pas résolument confié aux scientifiques les rôles et statuts sociaux réels que leurs homologues des nations du Nord ont acquis. Malgré cette caractéristique du sous-développement scientifique, il est empiriquement observable que les modes anciens de la production intellectuelle résistent de moins en moins aux exigences des temps nouveaux.

Le processus de changement social en Afrique, émanation du projet de modernité, a pour traduction épistémologique ce qu'on peut qualifier de quête sociale de nouveaux statuts et rôles du savoir. Nous illustrons cette réalité contemporaine africaine sous deux angles.

1.1 La quête d'une image autre de la science

La place de choix qu'occupait, dans les slogans et discours politiques de la période postcoloniale, la notion de transfert de technologie, constitue en elle-même une évolution de l'image et des rôles que les sociétés africaines attribuaient aux savoirs et savoir-faire. Malgré le sous-développement scientifique et technologique dont les nations africaines postcoloniales se caractérisent massivement, il est notoire que la conscience africaine reste hantée par une nouvelle représentation de la production intellectuelle en général (même la production artistique n'en est pas épargnée). Nous voulons dire que malgré son caractère rudimentaire ou artisanal, la science africaine, telle qu'elle est pratiquée dans les facultés et instituts universitaires, les centres et laboratoires de recherche, est une émanation de la science moderne. Au plan méthodologique, le travail scientifique contemporain africain est en rupture avec l'empirisme ancien ou (pour parler un langage bachelardien) le réalisme naïf.

Les chercheurs africains contemporains partagent la communauté de la preuve moins avec les sorciers des villages qu'avec leurs homologues du Nord. Les critères de scientificité, les normes du travail intellectuel, les mécanismes de diffusion des résultats en sont des preuves. Ce n'est pas tout: la production intellectuelle africaine contemporaine représente une mutation de l'image sociale du savoir dans la mesure où le travail scientifique nouveau épouse la rationalité instrumentale et marchande. Quoique le partenariat recherche/production soit encore timide en Afrique, la conscience de l'urgence de son amélioration a occupé tous les discours et slogans favorables au développement. C'est d'ailleurs cette prise de conscience aiguë de la rationalité instrumentale, co-naturelle à la science moderne, que traduit un certain positivisme africain[179], perceptible aussi bien dans des politiques gouvernementales postcoloniales qu'en philosophie et sciences sociales, qui postule une

179 Nous y reviendrons dans le chapitre suivant de cette partie et dans le dernier chapitre de la dernière partie.

réduction du développement à la domestication de «la force de la matière» par «la science et la technique».

La conscience africaine contemporaine est donc marquée par une évolution dans la représentation sociale de la science (son statut et son rôle). Les diverses velléités africaines contemporaines d'appropriation des savoirs et savoir-faire anciens, encore confusément manifestées par d'éminentes personnalités scientifiques, des laboratoires, des équipes ou centres de recherche, sont une traduction de ce qu'on peut appeler d'un ton optimiste, la recherche d'un nouveau statut du travail intellectuel.

1.2 Les savoirs anciens dans les laboratoires contemporains

Paulin Hountondji, dans son introduction à un ouvrage collectif publié sous sa direction en 1994, soulève une série de questions au sujet des savoirs «ancestraux» (disons plutôt anciens). L'évocation de quelques unes permet de préciser le contour de l'argumentaire qui suit:

> Peut-on admettre plus longtemps que les contre-systèmes, ces savoirs et savoir-faire ancestraux, ne soient interrogés que de manière accidentelle et ponctuelle, suite à des échecs ou à des insuffisances, eux aussi perçus comme accidentels, du système dominant? Doit-on continuer à passer occasionnellement du système aux contre-systèmes et vice-versa, sans jamais poser la question de leur compatibilité interne, ou pour reprendre un terme leibnitzien, la question de leur «compossibilité», de leur articulation logique, de leur unité, ou sans chercher à réaliser cette unité, à produire théoriquement et pratiquement, au niveau des concepts comme au niveau des démarches techniques qu'ils induisent, une cohérence minimale? [...] Peut-on accepter plus longtemps ces compartiments étanches dans la pensée et l'action, cette sorte de déchirure, cette schizophrénie qui ne dit pas son nom?[180]

On peut le deviner aisément, ces interrogations traduisent l'essentiel de la double critique méthodologique et idéologique que Hountondji a formulée contre l'ethnophilosophie et les ethnosciences. Les interrogations de Hountondji semblent se justifier dans la mesure où l'inventaire des savoirs anciens a d'abord massivement été une réponse à ceux qui ont soutenu que l'Afrique ancienne n'avait pas produit de savoirs rigoureux. Il est fondé de se demander si cette façon de visiter les travaux intellec-

180 P. Hountondji (sous dir.), *Les savoirs endogènes, pistes pour une recherche*, Dakar, Codesria, 1994, p. 12.

tuels anciens ne prive pas ceux-ci de la dynamique du procès qu'on ne peut dire entièrement absente en eux.

Il importe de préciser que l'inventaire des savoirs anciens ou des ethnosciences peut être identifié à une simple histoire des sciences. Dans ce cas, l'historien ou le philosophe ou le scientifique qui présente les théories mathématiques d'une société traditionnelle doit avoir moins l'attitude d'un juge que celle que requiert une élucidation des paradigmes épistémologiques. Dans l'ensemble, les ethnosciences (technologies anciennes, cosmologies tribales, «mathématiques sauvages») ont été des synthèses empiriques des activités intellectuelles et pratiques en réponse au «great divide».

Le pari[181] de l'unité du savoir est bien entendu fondé en Afrique actuellement, mais il n'est pas, contrairement à ce que pense Hountondji, un problème métascientifique, il intègre la pratique scientifique. Ce sont les scientifiques eux-mêmes (et non les philosophes) qui, en fonction des enjeux liés à leurs travaux, abandonnent ou préfèrent telle méthode, tel postulat, tel sujet, tel savoir. Les méthodologies nouvelles pouvant permettre de tester, d'apprécier et au total, d'écarter ou de valider dans des propositions diverses les connaissances «traditionnelles[182]», ne sont pas des a priori; elles se forgent dans la «recherche vivante[183]». C'est précisément en référence aux nouvelles formes que prend la collaboration des tradipraticiens du savoir avec les laboratoires des facultés, instituts, centres de recherche qu'on peut se permettre de dire que le mode de production scientifique traditionnelle se déconstruit progressivement au profit d'un nouveau statut du travail intellectuel. Il s'agit du double statut épistémologique et pragmatique du travail intellectuel contemporain.

D'abord au plan méthodologique (épistémologique): les recherches en phytothérapie, de plus en plus abondantes dans les facultés des sciences, d'études médicales et vétérinaires, ne prolongent pas l'empirisme naïf des sorciers ou tradipraticiens, souvent sources incontestables d'inspiration de sujet de recherche. Entre le meilleur tradipraticien (dépositaire de savoirs et pratiques efficaces) et le plus médiocre des biochimistes, il y a un écart au plan méthodologique, une rupture épistémologique. Les thèses et travaux d'envergure de biochimie, quelques fois

181 P. Hountondji, *op. cit.*, p. 13.

182 *Idem.*

183 *Ibidem.*

inspirés par les connaissances botanistes des tradipraticiens, sont des résultats de méthode «positive». La recherche des principes actifs des plantes, objets de thèses et d'articles, se soumet à l'épreuve des protocoles qu'entretiennent les «travailleurs de la preuve»: scientifiques, laboratoires, centres, revues... Se trouvent en marge de ces communautés de la preuve, les praticiens traditionnels, à raison. Il est vrai que des thèses et d'autres travaux de biochimie, de médecine et de pharmacie restent de plus en plus redevables aux savoirs anciens, aux immenses connaissances des sorciers des villages africains. Mais la scientificité des méthodes d'approche met en marge de ses espaces et références discursifs, les tradipraticiens.

Enfin au plan pragmatique: la collaboration de plus en plus affirmée entre les chercheurs diplômés et les tradipraticiens représente la découverte de nouveaux avantages liés au travail intellectuel. Autrefois désintéressés, les savoirs et savoir-faire traditionnels soigneusement réétudiés dans des laboratoires de facultés et centres de recherche, ne sont plus aujourd'hui isolés des enjeux commerciaux des firmes pharmaceutiques par exemple. On sait combien les nouveaux produits pharmaceutiques, dits de médecine douce, renforcent de plus en plus l'espace d'intérêt que partagent industriels, laboratoires, instituts, facultés, ethnobotanistes, phytothérapeutes, tradipraticiens. La passion d'inventorier et de revaloriser les savoirs et savoir-faire médicaux d'Afrique traditionnelle que partagent, dans les centres urbains et ruraux africains, tradipraticiens et chercheurs universitaires, n'est aucunement étrangère aux intérêts nouveaux qu'offre le travail intellectuel à ceux qui l'exercent. Au Togo, à l'observation empirique (qui reste à être confirmée par une étude plus rigoureuse), la place de choix que réservent les chaînes de télévision, les radios rurales et urbaines, à la publicité pour les médicaments à base de plante, est un indicateur des mobiles économiques nouveaux qui gouvernent ceux qu'on considère comme dépositaires des savoirs et savoir-faire anciens.

2. De la transformation des capacités structurelles d'invention

Rien ne peut démentir aujourd'hui les attitudes favorables à l'obligation de résultats dont des facultés universitaires, instituts, centres, laboratoires (pourtant sans budget ni soutien logistique conséquents) font montre partout en Afrique postcoloniale. Malgré donc le déficit de soutien qui le marque, le travail intellectuel africain, en raison de ses ambitions liées au rôle social qu'on dit qu'il devrait jouer dans le développement, fait des clins d'œil à une infrastructure technoscientifique plus conséquente, à un double renforcement des lieux et des capacités humaines de sa production. Ceci s'interprète comme un appel de la recherche africaine à un renforcement des structures sociales d'invention et de création intellectuelle.

2.1 Perspectives d'une transformation de l'infrastructure technique de la recherche

L'Histoire des sciences prouve que «la science a l'âge de ses instruments». Devenue plus expérimentale que jamais, dans l'ère moderne, la connaissance et la transformation de la matière ne peuvent se passer d'une infrastructure technique qu'elles révolutionnent et qui les révolutionne.

On sait la dette de la mécanique classique (et du modèle de science qu'elle a auguré) envers une civilisation d'outils et d'instruments qui a marqué sa rupture avec l'esprit de la Renaissance. On ne peut dire qu'avant la révolution épistémologique à laquelle il est fait ici allusion, l'Europe ne peut revendiquer une civilisation d'outils: le Moyen-Age a inventé la charrue, le harnais, la bielle manivelle, le gouvernail arrière, les vitraux, la fusée des horloges, des montres, etc. Koyré dit que ces outils techniques «n'ont pas été les résultats du progrès des théories scientifiques correspondantes, et n'ont pas suscité celui-ci non plus[184]».

La mécanique classique a inspiré un modèle de science qui institue entre elle et son infrastructure technique un rapport dialectique. On ne

184 A. Koyré, *Etudes d'Histoire de la pensée scientifique*, Paris, PUF, 1996, p. 61.

saurait considérer négligeable dans le nouveau système du monde l'attachement des savants de l'époque à l'invention des outils. Beaucoup d'idées du nouveau système du monde étaient suggérées par la capacité des nouveaux instruments à contempler dans le ciel des choses que les yeux ne permettaient pas d'observer. C'est à juste titre que le processus de perfectionnement des instruments aux XVe, XVIe et XVIIe siècles, ait influencé l'amélioration progressive des théories des grandes figures de la mécanique classique. Les idées coperniciennes sur «les révolutions des sphères célestes[185]» sont redevables à une intuition qui sait lire les contradictions du système de Ptolémée. Mais il faut ajouter que l'auteur de *De Revolutionibus* a installé un observatoire dans une tour des murailles de la cathédrale de Frauenburg. La détermination de la *nova*[186], nouvelle étoile découverte en 1572, a bénéficié de l'immense laboratoire de Tycho Brahé. Ce dernier, qui est l'inventeur du sextant, disposait de deux observatoires dont l'un souterrain, et était demeuré un passionné des observations des étoiles, des planètes, de la détermination de leurs positions et distances.

Le «système du monde[187]» de Galilée doit à son auteur l'invention d'une balance hydrostatique, la lunette astronomique. Le télescope, dont la conception est attribuée à un apprenti opticien hollandais, du nom de Hans Lippershey (la superposition de deux lentilles rapproche à la vue les objets éloignés), est un instrument clé dans le nouveau système du monde.

Ce lien étroit et prouvé entre découverte scientifique et innovation des outils techniques ne peut être tenu pour facultatif dans les expériences nationales contemporaines de développement des sciences et technologies. On sait les conséquences désastreuses pour la recherche africaine de ne pas pouvoir compter sur l'infrastructure technique de son environnement immédiat. Cela induit l'idée que les ambitions africaines contemporaines pour le développement scientifique ne peuvent éviter de comporter une transformation du système social des outils. En parlant du système des outils, nous pensons souligner que le développement de l'appareillage d'invention dans une société n'est pas isolable des tech-

185 Pour cet exemple et les informations qui suivent, *cf.* G. Beiser, *La gravitation de Copernic à Einstein*, Paris, Nouveaux Horizons, 1975.

186 *Idem.*

187 *Ibidem.*

niques qui caractérisent son modèle de travail productif. Une société, dont le travail productif reste encore rudimentaire, largement redevable à la nature, et donc dominé par les outils comme la main, la houe, la daba… ne peut réserver une place de choix à la conception, à la production et à l'entretien des appareils hypersophistiqués et hypersensibles des laboratoires contemporains. On a parlé d'appareils sophistiqués, hypersensibles, coûteux, dont les modalités d'acquisition, l'entretien, la réparation posent d'énormes problèmes à la recherche expérimentale africaine. Ces problèmes se posent avec plus d'acuité dans un environnement technique entretenu par des industries nationales rudimentaires et/ou des industries délocalisées, extraverties.

C'est donc la transformation et le renforcement des systèmes industriels nationaux et de tous les mécanismes de production qui, en réalité, doteront la recherche expérimentale africaine de son infrastructure technique endogène. L'on n'entend pas dire que la recherche expérimentale africaine ne doit compter sur des appareils venus d'ailleurs. Pouvant compter sur l'appareillage technique des autres, la recherche africaine a besoin de s'accrocher résolument à un environnement immédiat, inscrit dans une dynamique de révision des outils de travail.

2.2 De la transformation des capacités institutionnelles endogènes de la recherche

Sans nul doute, l'histoire montre que l'Afrique doit la forme actuelle de l'institutionnalisation du travail scientifique à la politique coloniale. Bien entendu, les sociétés traditionnelles disposent d'institutions auxquelles est attribuée la fonction de travail intellectuel. Ces institutions sont en général des sociétés secrètes. Mais du moment où, ainsi que nous l'avons souligné[188], les savoirs anciens n'avaient pu épouser la rationalité technocratique et l'économie de marché, ils ne sauraient revendiquer les institutions scientifiques contemporaines africaines comme héritières.

Toujours porteuses de résultats appréciables, les formes actuelles, que prend l'héritage de la politique coloniale de la recherche (subventions de projets et programmes de recherche, financement de séminaires

188 Nous faisons allusion à ce que nous avons appelé dans ce chapitre, la transformation de l'image du travail scientifique en Afrique.

scientifiques, de publications, bourses d'études.), ne contribuent pas à une recherche constante, originale.

L'idée d'une transformation des capacités sociales de la recherche africaine comporte une redéfinition des contours de l'option d'institutionnalisation du travail scientifique.

Disons, dans ce sens, que la clarification de l'horizon des sciences africaines ne peut éviter d'attacher du prix au processus postcolonial d'institutionnalisation de la recherche: création d'instituts, d'écoles supérieures, d'universités. L'élargissement de leur capacité de formation et/ou de recherche, leur multiplication rapide (de 1947 à nos jours, le Nigeria est passé d'une université – celle d'Ibadan – à environ une quarantaine) représentent une amorce du processus de transformation de la base institutionnelle de la recherche contemporaine en Afrique. Pour le moment, largement publique, la recherche africaine a pour cadre institutionnel d'exercice les structures académiques d'Etats et/ou celles qui sont les résultats du partenariat entre le Nord et le Sud.

Mais les universités, les écoles et autres centres de recherche, en nombre de plus en plus impressionnant dans les sociétés africaines, ne sauraient constituer des maillons clés de la base[189] nationale de la science si on ne reconsidère pas les raisons sociales qui légitiment et qui orientent de façon originale leur soutien.

Il faut dire que le passage des instituts coloniaux de la recherche aux écoles, centres, universités postcoloniaux doit correspondre à une décolonisation des institutions scientifiques. Celle-ci ne signifie ni la déconnexion[190] des institutions scientifiques africaines de celles des anciennes métropoles, ni le rejet de l'aide à la recherche. Elle invite les sociétés africaines à trouver en elles-mêmes les raisons d'être de leurs propres institutions scientifiques et les tâches épistémologiques confiées à cellesci. Il s'agit pour les Etats africains de faire preuve d'autonomie dans l'institutionnalisation de la recherche. L'aide étrangère ne doit pas réduire les institutions et les personnalités scientifiques africaines à n'être que des exécutants dans des projets et programmes de recherche, conçus par les organismes bailleurs de fonds. Un premier aspect de la transfor-

189 Selon une expression du *Plan d'Action de Lagos*. Cité plus haut.

190 Expression de l'économiste S. Amin, *La déconnexion. Pour sortir du système mondial*, Paris, La Découverte, 1986.

mation des capacités institutionnelles de la recherche africaine est donc sa décolonisation, ou l'affirmation de son autonomie.

Rappelant les nations en quête de science et technologie à leurs propres responsabilités irremplaçables, le projet de transformation des capacités institutionnelles de la recherche africaine comporte un second aspect, la reconsidération de la principale source du financement de la science. Le besoin contemporain de définition des priorités des programmes nationaux de science et technologie ne peut se fonder essentiellement sur l'aide étrangère – dont on sait qu'elle a ses propres attentes épistémologiques – et réserver, pour ainsi dire, un rôle d'assistance facultative aux sources nationales de financement. Les attentes épistémologiques des sociétés en quête de développement doivent trouver leur soutien dans l'environnement économique immédiat.

2.3 De la transformation du potentiel intellectuel de la société en faveurde la science

L'histoire montre suffisamment que le travail de création ou d'invention est à l'image de la classe intellectuelle – elle est bien sûr une catégorie sociale – dont la société elle-même se dote. S'il faut remonter à l'antiquité, on peut constater que les sociétés qui ont connu des classes intellectuelles distinguées – cas de l'Egypte des scribes ou de la Grèce des philosophes et poètes – ont eu également de bonnes réputations en invention et création. L'exemple des foyers historiques d'invention et de création que sont l'Egypte pharaonique des scribes et la Grèce des philosophes et poètes donne une idée de ce que peut signifier pour le projet de développement technoscientifique contemporain l'exigence de transformation du potentiel intellectuel social.

L'école est l'institution qui crée et entretient le potentiel intellectuel de la société, ou la classe des inventeurs et créateurs. Il nous paraît pour cette raison qu'on peut lire dans les réorientations de l'école, dans les nations africaines, un processus de transformation majeure de leur potentiel intellectuel d'invention et de création.

On sait que l'administration coloniale n'a pas trouvé en Afrique un terrain vierge en institutions de formation et d'éducation. La famille, le clan, les groupes d'âge, les couvents, les sociétés initiatiques... sont des institutions sociales qui ont la charge de la formation de l'individu. La mission – bien connue – de ces institutions des sociétés traditionnelles est la socialisation de l'individu, l'invitation de l'homme à reproduire l'harmonie primordiale dans la société. Voilà pourquoi on peut dire que l'école coloniale incarne une première transformation de la classe intellectuelle africaine. Nous parlons de transformation de la classe intellectuelle africaine parce que l'école coloniale n'a pas seulement formé des cadres pour son administration et pour la mission d'évangélisation, elle a également créé, développé et renforcé dans les sociétés sous domination, une élite parallèle à l'intelligentsia traditionnelle (sages, sorciers, prêtres guérisseurs, artistes). L'intelligentsia africaine militante dans le contexte de la décolonisation est l'une des marques de l'ascendance de plus en plus renforcée de la classe des élites formées par l'école coloniale sur celle des élites traditionnelles. Cette ascendance doit se comprendre comme découverte, par la société, de vocation autre pour son intelligentsia. Cette vocation autre, principale caractéristique de la transformation dont nous parlons ici, traduisait les besoins limités de l'administration coloniale (manque de commis, d'enseignants) et des missions chrétiennes. L'école coloniale a donc amorcé le processus de transformation de l'élite intellectuelle des sociétés africaines. Mais ce processus était resté, pendant la période coloniale, dans sa phase passive. Dans la mesure où sa mission était de doter l'administration et les églises de commis, d'enseignants ou de cadres supplétifs, l'école coloniale n'avait pu épouser l'esprit d'éducation ouverte à tous dont beaucoup de réformes de l'enseignement dans les métropoles portaient la marque. Se soustrayant à l'esprit d'éducation ouverte à tous, l'école coloniale va limiter son ouverture à quelques indigènes privilégiés: des enfants de chefs, de notables, des surdoués recrutés sur la base de critères exagérément sélectifs. On notait, dans cette logique, le peu d'intérêt que certaines administrations coloniales accordaient au caractère public de l'enseignement dans les colonies. Dans les protectorats allemands par exemple, l'école a été beaucoup plus l'initiative des missions chrétiennes que des autorités publiques. Au Togo allemand[191], sur 347 écoles recensées en 1912, on notait 181 établissements catholiques, 151 établissements protestants, 7 établissements méthodistes, 3 établissements publics. Au cours de la même année, le Togo allemand comptait 14.246

191 *Cf. Manuel de législation et d'administration scolaire*, Lomé, Bibliothèque de l'INSE, inédit.

élèves dont 7653 catholiques, 5654 protestants, 598 méthodistes. Les établissements publics ne comptaient que 441 élèves.

L'absence d'esprit d'éducation ouverte (ou du moins son affirmation timorée) dans les colonies explique également le nombre très limité des établissements scolaires post-primaires. Dans les colonies francophones, les cours complémentaires étaient rares. Le Togo n'en comptait qu'un seul. Les rares *Cours Complémentaires* implantés par les administrations françaises dans les colonies dispensaient un enseignement propédeutique en vue d'un diplôme de fin d'études et du concours réputé sélectif d'entrée dans les grandes écoles secondaires de Bamako, Dabou, Rufisque, Sébikotane (William Ponty)[192].

La scolarisation des indigènes par l'école coloniale et missionnaire est donc, en raison de ce qui précède, la phase passive du processus de transformation de l'élite intellectuelle africaine. C'est l'Afrique postcoloniale qui a opté pour la phase active. Cette idée traduit le changement radical que représente, dans l'histoire de la scolarisation en Afrique, l'option postcoloniale pour l'école ouverte et démocratique. Il s'agit ici de souligner la logique profondément réformatrice du principe d'école ouverte.

En effet, les Réformes de l'enseignement qui ont meublé les politiques éducatives contemporaines africaines doivent leur idéologie directrice à l'esprit de l'école républicaine. La notion d'«instruction publique» attachée à cet esprit traduit à juste titre le devoir d'Etat d'universaliser l'éducation. On sait que l'esprit des Lumières, d'où la République est née, est précisément ce qui réalise la devise «Liberté, égalité, fraternité». Il faut que l'instruction soit publique pour sortir le citoyen de l'ignorance et des ténèbres et le rendre ainsi libre ou autonome. L'affirmation de l'autonomie de la raison ou de l'homme est obligatoirement un projet d'éducation. C'est parce que la liberté est la même chose que la découverte de l'autonomie de chaque homme que l'instruction publique qui la réalise institue le principe d'égalité. L'égalité en droit et en dignité n'est pas réelle si chacun n'a pas les moyens intellectuels de se découvrir libre. L'égalité qui est l'universalité du droit et de la dignité est ce qui rend compte de la Fraternité. L'école publique, ou à but public est la promesse de doter tous, citoyens et citoyennes, d'un minimum de capacités intellectuelles. C'est pourquoi

192 *Idem.*

l'école réformée veut être le lieu où se réalise «une instruction publique, commune à tous les citoyens, gratuite à l'égard des parties d'enseignement indispensables pour tous les hommes[193]».

Se comprend mieux pourquoi les Réformes postcoloniales de l'enseignement, émanation de la lutte pour la liberté et la décolonisation des peuples (combat dont l'esprit est celui du Siècle des Lumières et de la Révolution) sont une réappropriation de la philosophie de l'éducation pour tous.

Dans son principe, l'«école démocratique», promise par les réformes africaines de l'enseignement des années 70, vise à rendre accessible, à chaque citoyen/citoyenne, l'instruction minimum. Donc, dans l'esprit des réformes africaines de l'enseignement, dire que «l'Ecole Nouvelle doit être réellement démocratique» c'est convenir que:

> tout au long du cursus scolaire, elle doit offrir des chances égales à tous les citoyens, aux filles comme aux garçons. A cette fin elle sera obligatoire et en principe gratuite pour les enfants de deux ans révolus à quinze ans. Un système d'éducation postscolaire et permanente permettra à chaque citoyen de continuer à peu de frais sa propre formation[194].

Les politiques éducatives que le principe de la réforme a inspirées, malgré leur timidité, ont renforcé le processus inclusif de scolarisation des populations ou la lutte contre l'analphabétisme. Les conditions différenciées d'accès à l'école, selon qu'on est urbain ou rural, fille ou garçon, plus ou moins âgé, ont auguré une inclusion résolue des catégories sociales marginalisées par l'école coloniale. Sans doute, l'option d'école démocratique, malgré ses difficultés encore non surmontées, a amorcé une évolution essentielle dans le processus de scolarisation des populations africaines. Cette évolution est l'écart qui se rétrécie, au niveau des populations scolarisables, entre urbains et ruraux, garçons et filles, couches sociales scolarisées et couches sociales scolarisables.

Le principe d'école démocratique incarne un projet de transformation de l'élite intellectuelle africaine. L'école pour tous promet une extension de la qualification intellectuelle des ressources humaines, fait reculer les frontières de l'ignorance et entretient un «environnement

193 R. Gal, *Histoire de l'éducation*, Paris, PUF, 1987, p. 88.

194 Ministère de l'Education Nationale, *La Réforme de l'enseignement au Togo* (forme condensée), Lomé, 1975, p. 7.

social[195]» «marqué par la logique de la méthode». L'école nouvelle contribue à faire de la promesse de la méthode et de la rationalité la chose la mieux partagée par nos sociétés en pleine mutation. L'éducation pour tous va se révéler une généralisation des attitudes mentales plus rationnelles et plus réceptives aux sciences et techniques modernes. Par ailleurs, il faut souligner que, par ses ambitions postcoloniales, l'école africaine est la pépinière du potentiel humain de la recherche.

Disons que l'Afrique contemporaine illustre la réalité selon laquelle les mutations technologiques (technoscientifiques) vont de pair avec des transformations sociales majeures. Ces transformations ne laissent jamais intact aucun secteur de la vie sociale. Les transformations économiques, politico-juridiques, épistémologiques, structurelles, en rapport avec l'intrusion du travail intellectuel dans la vie et la société, ne peuvent se comprendre comme des processus isolés. Il existe une logique identitaire qui rend compte des aspects particuliers des transformations sociales actuelles que tente d'instituer la quête des savoirs nouveaux. Il s'agit en Afrique d'une mutation culturelle qui s'affirme comme redéfinition paradigmatique du savoir, de la production, de la politique, de l'expression artistique, etc.

Dans le chapitre cinquième, nous avons montré, en nous fondant sur la littérature occidentale qui a nourri le projet des sciences modernes, que l'engagement social dans le projet de modernité est une transformation majeure de toutes les sociétés. Les chapitres sixième et septième ont mis l'accent sur les aspects particuliers de ces changements sociaux auxquels restent attachées les aventures africaines des sciences et technologies.

Il s'agit de montrer, dans le chapitre qui va suivre, comment les changements sociaux les plus variés dans les nations africaines contemporaines se structurent de manière cohérente comme un processus progressif, global et profond de mutation culturelle, ancrage nécessaire du nouveau savoir.

195 J.-J. Salomon et A. Lebeau, *L'Ecrivain public et l'ordinateur*, Paris, Hachette, 1998, p. 96.

Chapitre 8

Mutation de la société: vers l'ancrage culturel d'une tradition de science

La modernisation sociale n'est pas un simple assemblage hétéroclite de succès observés dans des secteurs (pris pour isolables) de la société comme l'économie, la technologie. Il est réel que des expériences particulières de développement (le cas de la Chine) ont donné l'impression qu'on peut moderniser l'économie sans trop s'encombrer d'une politique respectueuse des droits de la personne humaine. Mais cette impression ne résiste pas aux faits, dans la mesure où le communisme chinois contemporain, de plus en plus ouvert à la conquête du marché, partage avec les nations capitalistes l'idéal-type d'organisation dont Weber avait caractérisé la société moderne. A l'analyse, la modernisation des divers secteurs de la vie sociale s'apparente à un processus paradigmatique (tout dans la société est lié) dont la culture est la rationalité.

Les transformations observables dans les secteurs sociaux comme l'économie, le droit, la technologie, le travail... sont causes et effets d'une mutation culturelle ou paradigmatique de la société d'où les «milles sentiers de l'avenir» puisent leurs sens. S'il est réel que les sciences et technologies modernes inspirent un changement global de la société, il n'est pas moins vrai que le nouveau travail intellectuel est indissociable d'attitudes, de visions sociales, de valeurs, souvent inédites mais dont on dit qu'elles sont des attributs de la modernité. La renaissance scientifique semble, elle-même, redevable à une certaine culture, jamais close, une culture ouverte, révisable, d'où les programmes de développement scientifique et technologique tirent leurs ressources mentales, leur authenticité ou souveraineté, ou encore prennent socialement sens. Pour une meilleure élucidation de cette idée, il nous faut la distinguer d'une perception positiviste et substantialiste de la culture qu'on trouve par exemple chez Marcien Towa sous le nom d'«iconoclasme révolutionnaire».

1. Notion de révolution culturelle: les illusions d'un positivisme

Marcien Towa a une conception de la révolution culturelle qu'il emprunte aux révolutionnaires russes et chinois. Dans son essai de 1971[196], M. Towa, se référant lui-même à une thèse d'Alain Besançon[197], considère que l'échec russe prérévolutionnaire est liée à l'option des slavophiles de «restaurer la dignité de la Russie, non plus dans l'identité, suivant la voie de Catherine 1re, mais dans la différence[198]». En cultivant la spécificité de la Russie, face à l'Europe de l'Aufklärung, les prérévolutionnaires dont Gogol et Dostoïevsky ont fait du besoin de spiritualité et de «la tradition mystique», des traits de «caractère de l'homme russe[199]».

Selon Towa, l'option russe pour l'Aufklärung, annonciatrice de la révolution salvatrice d'octobre s'est traduite par un postulat: «il ne s'agit pas d'approfondir l'ontologie de la Russie, ni de s'identifier à elle, mais finalement de la détruire[200]». Towa trouve, en se référant d'abord au mouvement russe d'octobre, que toute révolution porteuse de progrès ou de lumière, doit avoir une allure iconoclaste.

La révolution culturelle chinoise, appelée «Mouvement du Quatre Mai», sera évoquée par le camerounais comme une illustration complémentaire de cette vue de l'esprit:

> Sorte d'Aufklärung chinois, écrit Towa, le Mouvement du Quatre Mai fut lui aussi essentiellement iconoclaste. L'infâme contre lequel, au nom de la science et de la démocratie, il se déchaînait avec une rare violence, c'était cette curieuse religion sans dogme et sans culte: le confucianisme, l'enseignement plusieurs fois millénaire du maître». Le mouvement révolutionnaire chinois prend pour «cible» de ses «attaques l'essence même de la culture chinoise[201].

196 M. Towa, *Essai sur la problématique philosophique dans l'Afrique actuelle*, Yaoundé, Clé, 1971.

197 A. Besançon, *Le Tsarévitch immolé*, Paris, Plon, 1967.

198 M. Towa, *op. cit.*, p. 34.

199 *Idem.*

200 M. Towa cite A. Besançon (*op. cit.*, p. 18).

201 M. Towa, *op. cit.*, p. 46.

Considérant toute révolution culturelle et majeure de la société comme «un radicalisme iconoclaste[202]», Towa dit que tout progrès en Afrique passe par une négation de soi, une destruction de soi. «Pour s'affirmer, pour s'assumer, le soi doit se nier, nier son essence et donc aussi son passé[203]». Face aux multiples défis de progrès, Towa convient que «l'iconoclasme révolutionnaire constitue la voie unique conduisant à la fois à l'émergence d'une humanité africaine rajeunie et robuste». Dit autrement, «c'est la destruction des idoles traditionnelles qui seule permettra d'accueillir et d'assimiler l'esprit de l'Europe, secret de sa puissance et de sa victoire sur nous».

Towa a bien évidemment raison de soutenir que le défi africain de la maîtrise de la science et des technologies occidentales doit être aussi une exigence d'autotransformation des sociétés africaines. Mais Towa pense que cette transformation profonde de notre être s'apparenterait à un avènement d'une culture positive dont «l'ennemi à abattre» serait toute valeur qui est aux antipodes du «matérialisme de la civilisation industrielle». Insistons davantage sur ce qu'il n'est pas superflu d'appeler une conception positiviste de la culture chez Towa. Ce que Towa appelle, dans le cadre d'une révolution culturelle pour le progrès, «l'ennemi à abattre», ce n'est pas les traditions ancestrales en elles-mêmes, mais leurs ressources culturelles et spirituelles qui les auraient éloignées du matérialisme révolutionnaire. Sont en cause les croyances métaphysiques, les pratiques spirituelles, religieuses et leurs complices venus d'ailleurs.

Dans son essai de 1979, *Idée d'une philosophie négro-africaine*[204], Towa va montrer que ce qu'il faut détruire, en faveur du matérialisme de la civilisation industrielle, c'est toute «mentalité magico-religieuse», tout discours de foi s'enfermant «dans le phantasme de Dieu et le dogmatisme des religions soi-disant révélées[205]». Chez Towa donc, la domestication de la science et de la technologie est l'émanation d'une culture destructrice de la spiritualité, des croyances. Ce que nous qualifions de positiviste dans la thèse de Towa, c'est l'idée que la révolution culturelle signifierait le transfert en Afrique d'une culture achevée.

202 M. Towa, *op. cit.*, p. 47.
203 M. Towa, *op. cit.*, p. 42.
204 M. Towa, *L'idée d'une philosophie négro-africaine*, Yaoundé, Clé, 1979.
205 M. Towa, *op. cit.*, p. 62.

Nous avons dit que l'idée que Towa a de la révolution culturelle paraît une appréciation plus idéologique qu'empirique des transformations culturelles majeures dont les sociétés africaines contemporaines se caractérisent résolument. Cette observation se fonde sur plusieurs raisons.

L'avènement toujours inachevé de la modernité n'a pas été historiquement la consécration de l'ère de la science, purifiée de tout ce qui n'est pas positif au sens comtien du terme. Alexandre Koyré[206] présente le passage du monde clos à l'univers infini comme une mutation profonde et globale non seulement des théories scientifiques mais également des conceptions philosophiques, métaphysiques et religieuses du monde. La révolution de la mécanique classique, naturellement opposée à la physique aristotélicienne, est fondée essentiellement sur une vision métaphysique neuve du monde qu'exprime le principe d'inertie. Le terme de paradigme[207] introduit en épistémologie par Thomas Kuhn éclaire davantage cette observation. Pour Kuhn l'activité scientifique normale se structure toujours autour de normes partagées (raison, théories scientifiques, croyances, etc.) dans lesquelles prennent sens et consistance, les méthodes et les résultats. Contrairement à certaines positions qui paraissent comme de simples vues de l'esprit, l'évolution des sociétés traditionnelles (européennes et non européennes) vers des formes culturelles, favorables à l'enracinement des sciences et technologies, n'est pas exactement la victoire de l'âge positif, prétendument européen sur l'ère des mythes, croyances, sentiments dont les autres auraient le monopole. Les expériences historiques de modernité donnent plutôt l'impression que l'ère des technosciences a ses propres mythes et croyances.

Le projet de modernité n'est pas un produit fini exportable, il s'enrichit plutôt d'expériences originales qui sont des réponses particulières que les sociétés donnent aux défis contextuels. Les transformations réelles que le projet de modernité introduit dans les sociétés non occidentales ne sont pas de simples substitutions de pratiques positives occidentales aux traditions d'ailleurs.

Il faut dire en gros que l'iconoclasme révolutionnaire, plus spéculatif qu'empirique, ne peut apprécier les mutations culturelles profondes que porte en germe l'engagement des sociétés africaines dans le projet de

206 A. Koyré, *Du monde clos à l'univers infini*, Paris, Gallimard, 1973.

207 Th. Kuhn, *La structure des révolutions scientifiques*, Paris, Flammarion, 1983.

modernité dont une composante essentielle est le développement scientifique et technologique.

2. Transmutation culturelle de la société: hétérogénéité et inachèvement d'un processus

Il faut le redire, le sous-développement en Afrique se révèle sous certains aspects, comme une cohabitation difficile des normes sociales modernes et des valeurs traditionnelles. Un exemple souvent évoqué pour illustrer cette contradiction du sous-développement est la suivante: l'image dominante de l'entreprise africaine ressemble au double visage de Janus. L'un des visages contemple et admire les valeurs de rentabilité de l'économie moderne, alors que l'autre reste encore attentif et sensible aux liens familiaux, tribaux dans l'organisation de la production. Une autre illustration des contradictions du sous-développement est la quête de l'excellence scientifique dans une logique de réappropriation d'un modèle épistémologique traditionnel.

Mais les contradictions du sous-développement ne doivent pas occulter dans l'analyse les dynamiques endogènes, lesquelles, malgré leur timidité relative, s'affirment progressivement comme des expériences originales ou des horizons possibles de l'engagement des nations dans le projet de modernité.

La philosophie elle-même ne peut mesurer les horizons qu'annoncent ces dynamiques endogènes africaines qu'en restant plus attentive au trésor empirique des «faits de développement» et de «changement social» que les nouvelles orientations des sciences sociales ne cessent d'enrichir. Dans ce sens, disons avec l'anthropologue Jean-Pierre Olivier de Sardan que:

> 1) Les processus de changement social et de développement mettent nécessairement en rapport des normes hétérogènes, des cultures et des sous-cultures hétérogènes, des systèmes de valeurs hétérogènes, des configurations de savoirs et de représentations hétérogènes, des systèmes d'action hétérogènes, des stratégies et logiques sociales hétérogènes […]

2) Les processus de changement social et de développement mobilisent des structures intermédiaires, informelles, transversales: des réseaux, des affinités, des clientèles, des sociabilités locales, professionnelles, familiales [...]
3) Les processus de changement social et de développement sont par définition diachronique [...]
4) [...] Les faits de changement social et de développement mettent en valeur simultanément les contraintes externes et l'autonomie et les capacités d'initiative (ou de résistance) des individus ou des groupes locaux [...][208].

Le recours aux faits empiriques de développement, offerts par les nouveaux chantiers des sciences sociales, permet de convenir que les formes variées de «ripostes» africaines «à la crise» (économie informelle, développement des cultures de rente, rétrécissement de l'espace des forêts sacrées au profit des zones exploitées, etc.) annoncent dans les nations sous-développées des modalités de modernisation.

L'objection objective à laquelle on doit s'attendre est celle du risque de relativisme culturel que peut induire cette idée de changement: la modernité risque de signifier tout, et même son contraire.

La vérité est qu'en tant que projet, la modernité n'est pas un état de la culture ou de la civilisation à atteindre. Projet ouvert ou inachevé, comme le dit J. Habermas, elle laisse à l'Histoire et aux sociétés sa consolidation et son enrichissement par des solutions particulières aux problèmes nouveaux et défis nouveaux. Nul ne peut sous-estimer la distance énorme qui existe entre les idées des pères fondateurs de la modernité (Descartes, Galilée, Hobbes, etc.) et les configurations actuelles variées des sociétés européennes (les programmes économiques libéraux, les formules démocratiques, les expériences esthétiques).

La modernisation des sociétés occidentales et non occidentales comporte l'idée d'une modernité plurielle, ensemble de manières sociales particulières de se donner les sentiers de l'avenir[209]. L'idée d'une transmutation culturelle des sociétés africaines s'écarte des «dérives substantialistes[210]» qui font de la modernité une civilisation positive, purifiée, offerte aux autres. Ouvert, le changement culturel n'est authentique que lorsque dans sa dynamique propre, il constitue un tout social cohérent, prometteur de progrès, i.e. capable de répondre de manière

208 J.-P. Olivier de Sardan, *Anthropologie et développement, essai en socio-anthropologie du changement social*, Paris, Karthala, 1995, pp. 47-48.

209 J. Lesourne, *Les milles sentiers de l'avenir*, Paris, Seghers, 1981.

210 J.-P. Olivier de Sardan, *op. cit.*, p. 81.

satisfaisante aux défis non seulement que la société se donne mais que les autres lui imposent. Le changement culturel moderne de la société reste une quête toujours ouverte de nouvelles normalités sociales qui disqualifient progressivement les valeurs qui ne marchent plus et qui prennent acte de celles qui résistent. Les transformations culturelles qu'on observe dans les sociétés africaines en modernisation sont à l'image de ce que Thomas Kuhn a appelé «la science normale[211]». Tout comme la science normale, l'état de la culture d'une société en un moment n'est pas la recherche obsessionnelle d'une civilisation positive; il renferme les normes et les valeurs dominantes qui légitiment et structurent les questions, les solutions aux défis, les craintes et les espoirs. Véritable fondement qui donne sens à tout dans la société, les nouvelles normalités culturelles, promises par les sociétés africaines en pleine mutation seront les garants de la cohérence souveraine d'une tradition autocentrée de la science. La notion de rationalisation, exprime mieux que celle d'iconoclasme révolutionnaire, les rapports objectifs entre les nouvelles normalités culturelles et la formation de l'esprit scientifique.

3. Rationalisation et culture de la science

Nous avons souligné plus haut dans le précédent chapitre que les incidences du progrès des sciences et des technologies sur les transformations d'importantes composantes de la société dont l'économie, le droit… sont immenses. Promesse de transformation majeure des sociétés africaines, les technosciences modernes sont, en raison de cela, porteuses de nouvelles normalités culturelles.

Porteurs de nouvelles normalités culturelles, les processus de développement scientifique des sociétés en sont inséparables. Superstructure, légitimant et reproduisant les transformations et les nouveaux horizons des sociétés africaines, les nouvelles normalités culturelles en perspective sont les repères d'évolution de la production et de la maîtrise authentique des savoirs et savoir-faire modernes. Il n'y a pas pire inauthenticité des savoirs que leur déconnexion de la culture immédiate qui les

211 Th. Kuhn, *La structure des révolutions scientifiques*, Paris, Flammarion, 1983.

légitime idéologiquement. L'endogénéité de la recherche africaine qui n'est pas une simple remise en valeur des savoirs et savoir-faire anciens, se définit, dans ce sens, comme l'ancrage de la production scientifique dans les fondements culturels qui reproduisent les dynamiques de changements sociaux. Paradigme des mutations de la technostructure sociale, les perspectives culturelles africaines seront la rationalité des ambitions de développement scientifique et technologique souverain.

En prenant fait et cause pour les nouvelles leçons de l'anthropologie contre l'iconoclasme révolutionnaire, nous pensons qu'il faut sortir la philosophie prospective (du développement scientifique et technologique) d'une perception, plus idéologique qu'objective, des «milles sentiers de l'avenir». Les expériences de modernisation des sociétés occidentales et asiatiques ont suffisamment montré que le développement n'est pas un modèle achevé de société à atteindre. Mais une telle position, conforme à la pluralité des expériences et des «faits de développement», n'est pas justificatrice d'un relativisme naïf dont le principe serait «tout dans chaque société concourt à un développement authentique». Nous avons fait état dans la première partie de ce livre, d'obstacles aux processus de développement des sciences et technologies. Au nombre de ces obstacles épistémologiques figurent en bonne place les attitudes et les formules organisationnelles qui s'écartent de l'esprit de modernité. L'on peut se rendre compte que la culture de l'invention, une composante capitale de la modernité sociale, n'est pas le résultat d'un décret de destruction des traditions et de la spiritualité, ni une apologie de la différence négative. Il reste que le projet de modernité qui porte la culture de l'invention s'apparente à une rationalisation, i.e. la conscience toujours accrue de la démarcation entre ce qui est considéré rationnel et ce qui semble ne pas l'être. La rationalisation telle qu'elle apparaît, au regard de l'évolution de sociétés contemporaines, est un renforcement des attitudes psychologiques et des attitudes sociales favorables à l'invention.

3.1 De la démarcation entre les attitudes intellectuelles

Le retour de la spiritualité sous des formes variées (prolifération des sectes chrétiennes, fondamentalismes musulmans, expansion du bouddhisme en Occident et dans le monde, le poids des ordres mystiques...) dans un monde qui se caractérise par un développement sans précédent des sciences et techniques, oblige à une appréciation nouvelle du phénomène de rationalisation qu'on semble réduire à tort à l'athéisme et à la destruction de la tradition.

Ecartons nous donc d'abord d'une certaine conception idéologique de la rationalisation que l'on doit à la pensée occidentale. Qu'entendons-nous par conception idéologique de la rationalisation?

Il a dominé, dans la pensée occidentale, au moins depuis Saint Thomas d'Aquin, une idée du temps qui réduit l'Histoire de l'Humanité à celui d'un seul Homme, évoluant de l'enfance vers l'âge adulte en passant par l'adolescence. La loi des trois états d'Auguste Comte[212], qui paraît l'expression la plus claire de cette conception du temps, offre, pour cause, la meilleure image occidentale de la rationalisation. Ce rapport entre la loi des trois états et l'idée occidentale de rationalisation vient de ce que, pour Auguste Comte, les différents âges (théologique, métaphysique, positif) de l'Humanité correspondent à des attitudes intellectuelles également différentes qu'on note chez l'homme. Chez Auguste Comte, l'Histoire est le lieu où l'Homme améliore de manière croissante et sans retour en arrière ses rapports intellectuels avec la nature. A l'âge théologique, qui correspond au stade primitif de l'évolution de l'homme, l'intelligence humaine a une prédilection pour les questions insolubles; elle a tendance à attribuer aux faits une vie analogue à la sienne. L'imagination est prépondérante et consiste à expliquer les phénomènes naturels par des considérations surnaturelles. Comme on peut s'en rendre compte, à l'âge théologique, l'intelligence humaine est plus préoccupée par les réalités mystérieuses que par les faits palpables. C'est pourquoi dans leur histoire individuelle, aucune science ne s'est développée à l'âge théologique. On doit dire que l'intelligence humaine n'a pas à l'âge théologique les dispositions intellectuelles, psychologiques pour l'application positive et la prévision méthodique. L'âge métaphysique, qui a succédé au premier stade de l'évolution, est malheureusement, selon les termes connus de A. Comte, une «maladie chronique naturellement inhérente à notre évolution mentale, individuelle ou collective, entre l'enfance et la virilité».

L'évolution mentale vers l'âge positif, où prédominent explication, précision, technique, suppose chez Comte, le dépassement, ou au moins

212 Pour le développement qui suit, cf. A. Comte, *Discours sur l'Esprit positif*, Paris, UGE, 1963.

le sommeil des deux premiers âges de l'évolution de l'Humanité. Les différents sens que A. Comte donne au terme positif permet de mieux comprendre le comportement intellectuel qu'on doit espérer de l'homme au dernier stade de l'évolution. Le positif c'est le réel (le fait), l'utile, le certain, le précis, l'aptitude à organiser. L'esprit positif s'écarte du chimérique, de l'oiseux, de l'imprécis, de l'inorganisé... L'âge positif est la phase de l'évolution mentale individuelle ou collective qui considère que le monde extérieur a une explication immanente, que l'explication scientifique de la nature permet la prévision et donne à l'homme la capacité de se connaître et d'organiser la société. On sait que, chez A. Comte, les âges passés qui sommeillent en l'homme ne peuvent s'exprimer au stade positif que d'un ton scientifique. C'est pourquoi la religion positive est la même chose que la religion de la science.

En observant l'évolution des sociétés contemporaines dont nous disons qu'elles sont aussi marquées par la prévision scientifique que par le retour de la spiritualité, nous pensons que la rationalisation est plutôt la conscience individuelle et collective de la démarcation entre ce qui doit interpeller l'intelligence des faits et ce qui s'en écarte objectivement.

La rationalisation est la conscience du refus d'un certain amalgame, celui qui avait caractérisé toutes les civilisations anciennes, et au nom duquel l'intelligence humaine pensait dans un même mouvement le mystérieux, le fait observé, l'homme et la société. La rationalisation contemporaine est comme l'antithèse de cette sorte d'holisme intellectuel ancien[213]. Loin d'être un abandon des préoccupations irrationnelles, la rationalisation est plutôt la conscience humaine, de plus en plus affirmée, de la séparation entre le rationnel et ce qui ne semble pas l'être.

La rationalisation ainsi comprise est la prépondérance, dans les sociétés contemporaines, d'un état mental individuel et collectif, toujours hanté par l'explication immanente des faits ou phénomènes, la prévision, la transformation, ce qui donne à l'homme l'impression de rétrécir constamment le champ de la fatalité ou la conscience d'être davantage plus transparent à soi dans son rapport avec la nature, la société et l'Histoire.

213 Le chercheur contemporain n'est pas forcément celui qui ne se mêle pas d'irrationnel. Mais il sait qu'en allant à l'église, au temple vodu, à la mosquée, dans les conclaves des sociétés secrètes ou des ordres mystiques ce n'est pas pour y découvrir les solutions aux faits-problèmes (puzzles), défis de la nature à l'intelligence humaine.

3.2 De la transformation des attitudes mentales

Malgré les pesanteurs psychologiques, sociales et culturelles qui ont encore valeur d'obstacles épistémologiques dans les nations africaines contemporaines, la réalité d'une conscience africaine montante qui distingue entre le rationnel et l'irrationnel, est indubitable. Cette conscience africaine montante, synonyme de rationalité amorcée, est une évolution mentale croissante en faveur de l'esprit scientifique. Cette idée se fonde d'abord sur la réalité contemporaine d'une conscience africaine, en développement, de la séparation entre les ordres d'explication.

Dans chaque société, la mentalité collective est traversée par plusieurs formes d'explication de la réalité. On peut citer l'empirisme ou le réalisme naïf (dont parle Gaston Bachelard[214]) en vertu duquel l'explication est sous l'influence du fait divers et coloré, de l'opinion, du langage. Le recours à la transcendance ou au mystère est une autre voie que les hommes empruntent pour rendre compte des faits et des événements. La démarche scientifique est également une forme d'explication de la réalité. Le problème est que le modèle épistémologique ancien unifie les ordres d'explication dans un même mouvement de la conscience. Ce qui se vit socialement, et dont les faits rendent compte, a sa raison fondamentale d'être dans le monde divin.

C'est précisément ce modèle épistémologique panthéiste qui perd progressivement du terrain au profit de la conscience de la séparation entre les formes d'explication. L'amorce de cette évolution mentale africaine ne se justifie pas par la seule existence d'une élite scolarisée qui exerce le travail de la science dans les facultés universitaires et autres centres de recherche. Il nous semble qu'il s'agit d'une évolution lente en cours mais globale dans la mesure où elle promet d'affecter toutes les couches sociales. La scolarisation, la formation professionnelle, l'information, l'amélioration de la communication entretiennent dans les sociétés africaines contemporaines la création continue d'une mentalité neuve qui distingue de plus en plus entre l'ordre divin et l'ordre des faits. En Afrique actuelle on croit, mais les hommes et les femmes ne voient plus toujours et partout les mains invisibles des divinités.

L'observation anthropologique des milieux urbains et ruraux montre que l'accès à l'information a pour conséquence en Afrique le dévelop-

214 G. Bachelard, *La formation de l'esprit scientifique*, Paris, Vrin, 1938.

pement progressif du doute et du scepticisme sur cette épistémologie traditionnelle panthéiste qui voit, dans tous les phénomènes naturels et partout, le divin. Dans les milieux analphabètes, l'accès à l'information fait qu'on ne réduit plus systématiquement la tempête, la foudre, la sécheresse, les maladies héréditaires ou endémiques à la colère divine.

L'information ne détruit pas la croyance, elle lui évite d'être, comme dans l'épistémologie traditionnelle panthéiste, le cache-sexe de l'ignorance. L'homme a tendance à réduire au mystère divin ce dont il ignore en fait les causes ou l'explication. La rationalisation qui marque la conscience collective (Weber dit qu'elle est synonyme d'intellectualisation) va développer et renforcer davantage, dans les sociétés africaines contemporaines, la capacité de distinguer entre l'explication des faits, la prévision et le domaine réservé des questions insolubles pour l'entendement humain.

Une société qui parvient à cette capacité intellectuelle collective et dominante de distinguer entre le positif et le mystère, est plus disposée à accueillir l'esprit des sciences et technologies contemporaines. En reconnaissant la démarcation entre le positif et le mystère, la société postule la transparence des faits et des événements à l'homme. La rationalisation est le développement chez l'homme contemporain du goût de l'explication naturelle, de la précision et de la maîtrise technique des événements.

Soulignons à présent le lien entre le postulat de la transparence des faits ou événements à l'homme et le développement collectif de l'esprit scientifique actuel caractérisé par l'explication, la prévision, la maîtrise technique des choses.

La rationalisation est un humanisme. Dans les sociétés traditionnelles et anciennes en général, la conscience de l'omniprésence du divin réduisait énormément le champ d'explication immanente. Les dieux avaient pris largement la place des lois physiques. En prenant conscience que la nature a également des lois immanentes, l'homme responsabilise son intelligence dans son rapport avec les choses, la société, l'histoire. En croyant de plus en plus qu'ils peuvent être en relation avec la nature sans la médiation[215] des dieux, beaucoup d'hommes et de femmes ont foi en l'explication immanente du réel. C'est là une promesse de réduction

215 Des paysans savent maintenant que la colère des dieux n'explique plus la rareté des pluies, ni les mauvaises récoltes.

du champ de l'ignorance, de la fatalité, une promesse de libéralisation de l'esprit scientifique. Il s'agit là d'une transformation encore lente mais résolue de la psychologie de l'homme africain vers une nouvelle attitude intellectuelle caractérisée par l'invention et la création.

3.3 *Vers des attitudes psychologiques favorables à l'invention et à la création*

Il nous semble que l'épistémologie du processus de développement scientifique et technologique ne peut demeurer insensible à la portée des transformations psychologiques qui caractérisent les sociétés en modernisation. C'est une réalité générale. Cela est aussi vrai pour l'Occident que pour l'Afrique ou l'Asie. En Afrique précisément, ces transformations psychologiques des hommes et des sociétés (encore timides) se révèlent comme un appel à la déconstruction de l'esprit fataliste et assistantialiste. Le fatalisme en Afrique actuelle n'est plus réductible au sentiment de la soumission des hommes à une inéluctable volonté des dieux, il traduit surtout les signes et gestes d'impuissance des gouvernants et des peuples face à une Histoire planétaire qui échappe complètement à leur contrôle. La mondialisation politique, économique et culturelle a réservé aux nations africaines la position marginale de spectateur, ou au mieux d'acteur passif. La marginalisation actuelle de l'Afrique traduit une découverte d'impuissance de nos sociétés à influencer la politique, l'économie, l'information. La marginalisation entretient donc une nouvelle version de fatalisme où les rôles des dieux sont désormais remplis par les puissances du Nord.

Le fatalisme contemporain justifie l'assistantialisme[216]. L'assistantialisme traduit la tendance politique africaine à déléguer la responsabilité de l'initiative du progrès social aux nations du Nord et aux institutions internationales. Cette délégation de pouvoir couvre les politiques nationales, les options diplomatiques, les politiques économiques, la science, la technologie, le développement des communautés urbaines et rurales, l'information, la culture.

216 *Cf.* Eboussi Boulaga, *La crise de muntu. Authenticité africaine et philosophie*, Paris, Présence Africaine, 1977.

Pour sortir du fatalisme et de l'assistantialisme, il n'y a que le chemin de l'invention et de la création. L'invention et la création représentent dans la vie individuelle et collective une découverte, par l'homme lui-même, de sa propre responsabilité dans les défis à relever. Il s'agit pour l'homme de compter moins sur «la natte des autres» que sur ses propres aptitudes créatrices d'avenir. Malgré l'évolution du droit, le monde contemporain est dominé par la lutte pour la survie qui oblige les peuples à développer eux-mêmes des attitudes psychologiques qui caractérisent le génie inventeur.

Peut-être qu'au nom d'une philosophie prospective, il faut prêter attention à l'esprit d'initiative qui caractérise de plus en plus les pauvres d'Afrique aux prises de mille difficultés. Certains théoriciens du développement[217] ont raison de lire dans l'économie informelle urbaine et rurale (l'éclosion de nouveaux métiers et petites entreprises comme le jardinage, les coopératives d'élevage, de ramassage d'ordures ménagères, et autres activités génératrices de revenus) une marque de l'émergence de l'esprit d'initiative et de création. La prolifération de ces nouveaux métiers et entreprises (qui occupent de plus en plus des diplômés, techniciens, artisans sans emplois, de jeunes ruraux en quête de bien-être matériel) montre que la formation de l'esprit de création en Afrique n'est pas le monopole exclusif des élites nouvelles des universités et laboratoires. Nous avons l'impression que la pauvreté et la misère invitent toutes les couches sociales à l'initiative créatrice. Les diverses manifestations de l'esprit d'initiative créatrice sont les preuves d'une transformation psychologique ou mentale qui s'annonce dans les jeunes nations. Les nouvelles attitudes psychologiques qui caractérisent cette transformation sociale sont à verser au compte d'une culture de la science, dont on peut dire d'un ton optimiste, qu'elle promet son expansion en Afrique.

217 La bibliographie sur la question est abondante: J.-M. Ela, *Afrique, l'irruption des pauvres: société contre ingérence, Pouvoir et Argent*, Paris, L'Harmattan, 1994. – M. Assima-Kpatcha, *Chômage et auto-création d'emploi. Cas des Zémidjan à Lomé*, Lomé, Mémoire soutenu à l'Université de Lomé, juillet 2002. – Banque Mondiale, *Togo: sortir de la crise, sortir de la pauvreté*, Rapport n° 155, Octobre 1996.

Troisième partie

Postulats pour des politiques autoréférentiées de la recherche

Introduction

Les transformations majeures, auxquelles les sociétés africaines ont du mal à échapper, nous paraissent comporter un processus d'ancrage culturel des sciences et technologies modernes. Il faut reconnaître que le passage des modèles anciens[218] de savoir à la modernité scientifico-technologique a partout son prix culturel. On peut le répéter: l'image actuelle de ce qu'on appelle la «science puissante» n'avait existé nulle part dans l'histoire avant la modernité. Les progrès spectaculaires des sciences et technologies s'accommodent de profondes ou radicales transformations des institutions, des us et coutumes, bref de la culture.

Le procès de la culture vivante, qui donne légitimité et sens aux ambitions scientifiques et technologiques dans les nations émergentes ou renaissantes, n'est pas une simple dynamique historique fatale et ne pourrait, par conséquent, se passer de la volonté humaine, de l'action, de l'initiative.

La culture vivante est une totalité sociale en interaction constante avec la vie collective, son organisation et sa gestion. On ne peut souscrire au projet des sciences et technologies sans épouser leur mode de production ou d'organisation, lequel est lui-même un projet politique d'ensemble. Les ambitions scientifiques et technologiques africaines ne peuvent éviter d'être des programmes politiques appropriés.

Le procès de la culture, auquel le devenir des sciences s'accommode, comporte un procès de la politique. Les politiques africaines des sciences n'auront de réalité et d'efficience que comme partie intégrante de l'option sociale d'une modernisation des politiques d'Etat. L'on veut dire que le choix de la science dans les nations postcoloniales africaines doit s'inscrire dans une rationalité politique.

La politique scientifique, qu'induit l'élucidation épistémologique de l'horizon des sciences et technologies dans les sociétés africaines, est une série non exhaustive de postulats dont l'unité réside dans une ratio-

218 On fait allusion par exemple à la science antique et moyenâgeuse occidentale, aux savoirs anciens d'Afrique…

nalité politique, co-naturelle aux nouvelles aventures socio-historiques de ce qu'on appelle la science moderne.

Chapitre 9

De la rationalité politique de toute ambition de développement moderne

Une attitude des plus ambiguës, en Afrique postcoloniale, c'est la position de choix réservée théoriquement au progrès ou au bonheur des peuples par la logomachie politique qui a entretenu les «mirages du développement[219]». Il y a évidemment en Afrique un fossé entre le discours et l'action en faveur du développement. En réalité, ce fossé, entre discours politique et action en faveur du développement, n'est pas simplement consécutif aux lacunes passagères de quelques projets. Il traduit plus profondément, et dans une certaine mesure, l'inconsistance de la politique elle-même dans les néocolonies. La question que cette réalité africaine suscite ici est la suivante: nos sociétés peuvent-elles objectivement mériter les ambitieux projets que se donnent les Etats souverains aujourd'hui sans s'accompagner de certaines références et normes politiques, lesquelles, sans être univoques ni achevées, sont toutefois restées attachées aux trajectoires de développement et aventures de la modernité en général? Non! Les types de développement dont les peuples d'Afrique ambitionnent aujourd'hui la production et l'appropriation, présupposent une révision de la représentation collective, persistante et dominante, que la conscience africaine se fait de l'Etat et de la politique. La rationalité d'où les horizons africains de développement peuvent se nourrir est une mise en question des formes aliénées que l'Etat et la politique ont prises dans les nations émergentes d'Afrique.

Il nous faut d'abord récuser l'aliénation politique dominante, c'est-à-dire montrer son incapacité à entretenir la vie collective moderne, ses horizons et ses projets. L'on peut convenir que tout projet africain, qui intègre la production contemporaine et la reproduction sociale, se doit d'être une émanation du projet d'autonomie politique. La politique de la

219 Sous-titre de l'ouvrage de J.-J. Salomon et A. Lebeau, *L'Ecrivain public et l'ordinateur*. Ouvrage déjà cité.

science doit être pensée comme un déploiement singulier du projet d'autonomie politique dans son ensemble.

1. Aliénation politique et inconsistance des projets de développement en Afrique

1.1 Notion d'aliénation

Le terme aliénation s'emploie ici selon une réappropriation critique de son usage répandu par la tradition de la philosophie allemande[220].

L'aliénation, globalement chez Hegel, est le moment où ce qui est en soi se découvre autre, ou étranger à lui-même. Devenir autre que soi, est ce que la *Phénoménologie de l'Esprit* a considéré, en un sens, comme la recherche de la certitude, par le sujet, dans l'objet extérieur ou son négatif: le

> système de l'expérience de l'esprit comprend seulement la manifestation (ou le phénomène) de l'esprit, le processus qui, à travers ce système, conduit à la science du vrai, ayant la figure du vrai, semble être seulement négatif[221].

Dans son procès qui culmine dans le concept, l'esprit a dû s'enfermer dans la certitude sensible la plus pauvre, qui se contente de l'immédiateté (ici et maintenant), ensuite dans la perception dont la certitude est du côté de l'objet, et enfin dans l'entendement. On sait aussi qu'avec Hegel, l'Idée, sous sa forme d'altérité, est en un sens, la Nature. Devenir autre chose que soi est, ce qu'en un autre sens, la *Phénoménologie de l'Esprit* considère comme le moment où le sujet, en quête d'affirmation, «s'oppose à un autre et outrepasse cet autre». La conscience de la victoire sur la réalité objective induit des consciences distinctes et donc un choc des consciences car la conscience de la différence peut posséder sa nature négative en tant qu'«acte de supprimer ces mêmes différences». Mais Hegel dit que la «conscience de soi atteint sa satisfaction seulement

220 De Hegel à l'Ecole de Franckfort.

221 Hegel, *Phénoménologie de l'Esprit*, T1, Paris, Aubier, 1941, p. 33.

dans une autre conscience de soi[222]». Dit autrement, la conscience redécouvre son «pour soi» dans «son être-à-l'extérieur de soi». La médiation que représente le fait d'être à l'extérieur de soi est ce qui assure au moi sa reconnaissance au travers de la différence. Le modèle de l'affirmation de soi par la médiation de l'altérité est le rapport dialectique que la *Phénoménologie de l'Esprit* voit entre «maître et esclave». Hegel écrit:

> Le maître est: 1) comme concept de la conscience de soi, mais en même temps il est: 2) comme médiation ou comme un être-pour-soi, qui est pour soi seulement par l'intermédiaire d'un Autre et qui, ainsi, se rapporte: a) immédiatement à deux moments, b) immédiatement à chacun par le moyen de l'autre. Le maître se rapporte immédiatement à l'esclave par l'intermédiaire de l'être indépendant; car c'est là ce qui lie l'esclave, c'est là sa chaîne [...]. Dans ces deux moments, pour le maître, sa reconnaissance par le moyen d'une autre conscience devient effective[223].

Le conflit permet à la conscience de se conquérir et de s'affirmer hors de soi. *La Raison dans l'Histoire* présente cette conquête hors de soi comme déploiement de l'Histoire «dans le domaine de l'Esprit[224]». Hegel oppose l'Esprit à la «matière», il l'oppose également à l'Histoire. Du fait que dans sa nature, l'Esprit est liberté, «la liberté est l'unique vérité de l'Esprit[225]», il se comprend pourquoi «la nature de l'Esprit se laisse connaître par son opposé exact[226]». Les expériences de la liberté sont des déterminations particulières de l'Esprit dans «quelque chose d'extérieur [...] qui occupe toute la scène immédiatement visible de l'histoire[227]». Hegel dit autrement que les «moyens par lesquels la liberté se crée un monde, nous conduisent au cœur même du phénomène historique[228]». Au nombre de ces déterminations particulières de l'Esprit dans son «opposé exact», figurent les peuples («Esprits des peuples»), les passions et intérêts (aspects subjectifs de la volonté), les «grands hommes».

De tout point de vue, l'aliénation est, dans la pensée hégélienne, le moment où ce qui est essentiel cherche son accomplissement dans la

222 Hegel, *op. cit.*, p. 153.
223 Hegel, *op. cit.*, pp. 161 et 162.
224 Hegel, *La Raison dans l'Histoire. Introduction à la philosophie de l'Histoire*, Paris, UGE, 1955, p. 70.
225 Hegel, *op. cit.*, p. 75.
226 *Idem.*
227 Hegel, *op. cit.*, p. 102.
228 Hegel, *op. cit.*, p. 101.

«chose extérieure» ou son «opposé exact», ou encore ses propres déterminations particulières. L'aliénation n'est pas dans la perspective hégélienne significative de l'enlisement de l'Esprit dans la «chose extérieure» ou son «opposé exact». Les «errements de l'Esprit hors de lui-même» constituent donc un témoignage en honneur de la Raison, en tant que «rose dans la croix de la souffrance présente[229]», et dont on peut «se réjouir[230]».

Ce que Hegel considère comme la «rose dans la croix de la souffrance», Karl Marx le perçoit comme «idéologie», ou «conscience faussée du monde».

En effet, dans l'*Idéologie allemande,* Marx présente la fausse conscience du monde, expression de l'aliénation de la conscience, comme la représentation de «la réalité la tête en bas[231]». Selon Marx, les représentations que se font les individus sont normalement «des idées soit sur leurs rapports avec la nature, soit sur leurs rapports entre eux, soit sur leur propre nature[232]». La production des idées ou des représentations, ou encore de la conscience «est d'abord directement et intimement mêlée à l'activité et au commerce matériel des hommes, elle est le langage de la vie réelle[233]».

L'opposition de Marx à ce qu'il appelle «l'idéologie allemande» justifie une mise en garde contre une rupture de la conscience avec sa base matérielle. C'est pourquoi Marx dit que, «dans toute l'idéologie, les hommes et leurs rapports [...] apparaissent placés la tête en bas comme dans une caméra obscura[234]».

Dans l'œuvre de Marx, l'idéologie en tant que « fausse conscience » ou conscience aliénée du monde et des rapports sociaux, se présente comme une mystification des classes dominées par les classes dominantes. La critique de Marx à l'encontre de la philosophie et de la religion en est, en un sens, une illustration.

La philosophie, ou en tout cas, ce que Marx appelle encore l'Idéologie allemande, illustration de la rupture de la conscience avec la

229 Hegel, *Principes de la philosophie du droit*, Paris, Gallimard, 1970, p. 44.

230 *Idem.*

231 K. Marx et Engels, *L'Idéologie allemande*, Paris, Editions sociales, 1972, p. 71.

232 *Idem.*

233 *Ibidem.*

234 K. Marx et Engels *op. cit.*, p. 73.

réalité concrète, la vie, est aliénation en tant que pur langage justificateur des positions de classes dominantes.

Commentant Marx, Jacques Milhau a bien compris cette aliénation qu'incarne la philosophie (celle que Marx appelle idéologie allemande) lorsqu'il souligne:

> Pure illusion par conséquent que la croyance en une indépendance de la conscience, en une histoire propre des idées ou en une vie transcendante de l'Etat [...]. C'est pour autant que la division du travail sépare l'activité intellectuelle de la production matérielle des instruments du travail et des biens de consommation, que des idéologues peuvent du reste se tromper sur l'origine véritable des idées, cultiver l'idéalisme et mettre le monde sur la tête. Aussi l'idéologie allemande est-elle ici traitée et critiquée à la fois en tant que mystification sociale et que produit nécessairement la société bourgeoise[235].

Une deuxième incarnation de l'aliénation de la conscience se saisit à partir de la critique que Marx a formulée, dans sa *Contribution à la critique de la philosophie du Droit de Hegel*[236], contre la religion considérée comme «l'opium du peuple». L'opium du peuple est, dans le langage de Marx, synonyme d'aliénation du peuple. Cette position de Marx n'a jamais cessé de susciter la polémique, les ressentiments. Pour mieux se faire une idée de ce qui est perçu par Marx comme capacité mystificatrice de la religion, il paraît important d'indiquer sa généalogie de la religion. Pour Marx, c'est l'Homme qui fait la religion et non la religion qui fait l'homme. Alors «conscience de soi de l'homme», la religion apparaît à Marx comme le produit du «monde de l'homme», de l'Etat et de la société. La religion, ainsi perçue, est la légitimation ou la «justification» des rapports sociaux dominants. Cette justification, Marx l'entend comme «le point d'honneur spiritualiste», la «sanction morale» des rapports sociaux d'un «monde sans âme», «l'esprit d'un monde sans esprit». Ce qui est mis en cause par la critique de Marx nous paraît beaucoup plus la mauvaise foi de la religion, telle qu'elle est dans la pratique sociale, la religion concrète ou vivante. Quand Marx dit de la religion qu'elle est l'opium du peuple, il précise que la critique de la religion est, proprement «une critique de cette vallée de larmes sur laquelle la reli-

235 *Cf.* L'Introduction de J. Milhau à l'*Idéologie allemande*, ouvrage cité.

236 Pour les citations qui suivent, cf. K. Marx, *Contribution à la critique de la philosophie du droit de Hegel*. Ouvrage cité par Henri Lefebvre in *Pour connaître la pensée de Karl Marx*, Paris, Bordas, 1966.

gion met son auréole», ou mieux, une critique des «fleurs imaginaires» qui couvrent «les chaînes de l'homme».

La critique de la philosophie allemande et de la religion montre que, pour Marx, l'aliénation de la conscience est proprement une fausse conscience du monde, une image renversée de la réalité, une rupture de la conscience avec la réalité concrète. La conscience aliénée est le lieu des fantasmes qui dissimulent à l'homme ce qui est. Si pour Hegel l'aliénation de l'Idée est comme «la rose dans la croix de la souffrance présente», pour Marx, en revanche, l'aliénation de la conscience est contre-productive d'Histoire. La fausse conscience du monde contribue à émousser la «conscience malheureuse» à laquelle l'idéalisme et la pensée de Marx ont reconnu le potentiel transformateur. Une autre singularité (ici revendiquée) de la critique marxienne, c'est le fait que la conscience aliénée fausse la représentation des rapports sociaux, de la société, de l'Etat. La fausse conscience du monde érige le particulier en universel ou réalité objective. L'universel s'instrumentalise, c'est-à-dire, se dissout dans les intérêts privés. Cette image de l'aliénation, c'est le monde d'aujourd'hui qui permet de mieux la comprendre.

L'Ecole de Francfort a enrichi la notion d'aliénation en l'interprétant comme le déploiement de la rationalité instrumentale. Si Marcuse est sceptique sur le potentiel libérateur de la Raison, c'est parce que la Raison moderne paraît comporter la domination comme co-naturelle à elle. L'unidimensionnalisation de l'homme, significative d'un contrôle parfait de la conscience malheureuse, a autorisé chez Marcuse le doute sur les promesses modernistes de la domination technologique de la nature, mieux sur le projet même de la rationalité instrumentale. Marcuse considère que le capitalisme dans son visage actualisé traduit l'identité entre la domination de la nature et la domination de l'homme. Pour Marcuse, en clair, l'instrumentalisation des choses a projeté une instrumentalisation de l'homme, l'obstacle à la libération; elle légitime la domination et ouvre sur une société rationnellement totalitaire, mettant l'Histoire dans une impasse. Marcuse écrit dans ce sens:

> les principes de la science moderne étaient a priori structurés de telle manière qu'ils pouvaient servir d'instruments conceptuels pour un univers de contrôles productifs s'effectuant automatiquement: à l'opérationalisme pratique correspond en fin de compte un opérationalisme théorique. Ainsi la méthode scientifique qui a permis une maîtrise toujours plus efficace de la nature en est venue à fournir aussi les concepts purs de même que les instruments pour une domination toujours plus efficace

> de l'homme sur l'homme au moyen de la maîtrise de la nature. [...] Aujourd'hui la domination se perpétue et s'étend non pas seulement grâce à la technologie mais en tant que technologie, et cette dernière fournit sa grande légitimation à un pouvoir politique qui prend de l'extension et absorbe en lui toutes les sphères de la civilisation. Dans cet univers, la technologie fournit aussi à l'absence de liberté de l'homme sa grande rationalisation et démontre qu'il est «techniquement» impossible d'être autonome, de déterminer soi-même sa propre vie. Car ce manque de liberté n'apparaît ni comme irrationnel ni comme un fait politique, il se présente bien plutôt comme la soumission à l'appareil technique qui donne plus de confort à l'existence et augmente la productivité du travail. Ainsi, la rationalité technologique ne met pas en cause la légitimité de la domination, elle la défend plutôt, et l'horizon instrumentaliste de la raison s'ouvre sur une société rationnellement totalitaire[237].

Jürgen Habermas s'oppose[238] à Marcuse et ne croit pas que l'histoire est désormais dans une situation d'impasse insurmontable. Le recours à la triple critique kantienne de la raison[239] permet à Habermas de surmonter la réduction du destin de la raison à la domination instrumentale, à l'hypothèque de l'Histoire. Habermas pense que le projet de modernité peut reproduire l'éclatement de la raison en trois niveaux de justification de la réalité: la vérité, la morale, le goût. L'image éclatée de la raison dont la critique fait la découverte est surmontée positivement dans une raison communicationnelle ouverte.

La rationalité instrumentale, que la «théorie de l'agir communicationnel» ne sous-estime pas, peut étouffer le projet de libération si elle se réduit à la simple rationalité instrumentale, à une pure rationalité économique évacuant la communication entre les sujets agissants. Ce que les normes d'agir communicationnel apportent à ce qui peut être considéré comme impasse de la domination, c'est ce sans quoi la rationalité instrumentale serait résolument l'aliénation en acte.

De Hegel à l'Ecole de Francfort, en passant par Marx, il faut parler non seulement de variation des occurrences, mais également d'enrichissement de la notion d'aliénation. L'appropriation critique de la notion d'aliénation, en vue d'une élucidation de la singularité présente de la

237 H. Marcuse, *L'homme unidimensionnel*, Paris, Minuit, 1968, p. 158.

238 L'ouvrage de J. Habermas (*La technique et la science comme idéologie,* Paris, Gallimard, 1973) est une discussion de la thèse de Marcuse selon laquelle «*la puissance libératrice de la technologie – l'instrumentalisation des choses – se convertit en obstacle à la libération, elle tourne à l'instrumentalisation de l'homme*».

239 J. Habermas, *Théorie de l'agir communicationnel*, Paris, Fayard, 1987.

rationalité politique africaine dominante, doit garder cette richesse sémantique redevable à la philosophie allemande:

- La persistance de la crise des Etats émergents peut se justifier du fait que ce qui est posé en soi et partagé (l'Etat, l'unité nationale, le développement...), est recherché dans ses contraires et ses contradictoires que sont la tribu, la guerre dévastatrice, la gabegie...
- La conscience faussée du monde, dont Marx a parlé dans sa critique de la philosophie allemande et de la religion, peut s'interpréter en Afrique actuelle comme ce qui découle de la distance entre le fait et le droit, la loi. Le droit, la loi, l'Etat sont comme une fiction, plaquée sur le fait et la réalité. C'est la lecture de Marx qui inspire mieux la notion d'Etat idéologique.
- Marcuse parle d'une aliénation totale du sujet historique. On pensait que le sujet historique pourrait s'incarner dans les Etats et partis du tiers-monde. Mais la «recolonisation» (J. Ziegler) ou le «néocolonialisme» (K. Nkrumah) a montré que ni le parti unique, ni l'Etat-nation, n'ont pu éviter dans le tiers-monde, à être des valets de l'entreprise capitaliste et du marché. En Afrique, les politiques gouvernementales, les organisations et les élites politiques sont, malgré elles, transformées en complice de la reproduction de leur propre sous-développement. Les conditionnalités de l'aide, celles des institutions financières internationales, dont les milieux syndicaux d'Afrique contestent habituellement la prétention à un développement humain durable, font partie intégrante des politiques gouvernementales.
- Le rôle énorme des groupes économiques, des firmes dans les déchirures de l'Etat en Afrique (guerres tribales dont les enjeux sont le pétrole, le diamant...) illustre l'image dévastatrice de la rationalité économique. La politique africaine devient très dramatiquement l'otage des dérives de l'économie dominante et du marché. La Raison pratique, communicationnelle ou démocratique est vidée dans son projet par l'économie.

Il nous faut montrer en quoi l'Etat africain est aliéné, en vue de justifier son inaptitude à être la rationalité de la société comme projet moderne.

1.2 La fragilisation de l'Etat postcolonial

L'observation des politiques africaines, des formes nouvelles que les crises politiques prennent en Afrique (configuration tribale des bandes armées, des fiefs électoraux...) autorise à dire que l'Etat en Afrique reste largement idéologique au sens premier du terme chez Marx. Qu'est-ce à dire? Eboussi Boulaga a eu le mérite de comprendre la «crise» en Afrique comme une émanation de l'«Etat idéologique» ou «Etat fictif» ou encore «Etat fétichiste». En effet, dans son ouvrage, *Les conférences nationales en Afrique noire,* Eboussi Boulaga écrit:

> Ainsi donc dire d'un Etat qu'il est idéologique, c'est énoncer une prédominance de l'idéologie si envahissante qu'elle a phagocyté presque entièrement ce que celui-là a de distinctif et d'irréductible, qu'il n'est plus que l'apparence de lui-même (...). A l'extrême ou au pire, l'idéologie est une sorte de contradiction infinie qui dit que le non-être est et que l'être n'est pas[240].

Il faut considérer la genèse qu'Eboussi Boulaga fait de l'administration, de l'institutionnalisation juridictionnelle de l'Etat post-colonial. Le philosophe camerounais convient que le processus historique de «la mise en place des institutions[241]» a consisté à remplir une formalité, à se doter «pour la forme de l'ensemble des appareils et des symboles des Etats modernes[242]». «On recopia les constitutions, les organisations administratives, juridiques, législatives et militaires de l'un ou l'autre pays avancé[243]». Selon l'auteur, «l'hétéronomie» conséquente et «idéalisée» des régimes politiques néocoloniaux transforme l'Etat en forme vide parce qu'en rupture avec la réalité vivante. L'Etat postcolonial augure un «régime de dualisme axiologique» qui le réduit à «un corps-fantôme, imaginaire[244]», c'est-à-dire «sans prise sur la réalité[245]», «sans son peuple, bien

240 Eboussi Boulaga, *Les conférences nationales en Afrique noire, une affaire à suivre...*, Paris, Karthala, 1993, p. 98.
241 Eboussi Boulaga, *op. cit.*, p. 96.
242 *Idem.*
243 *Ibidem.*
244 Eboussi Boulaga, *op. cit.*, p. 101.
245 Eboussi Boulaga, *op. cit.*, p. 102.
246 *Idem.*
247 *Ibidem.*

plus contre son peuple, qui devient son opposé[246]», et à «un monde politique renversé[247]».

Eboussi Boulaga nous permet de rendre compte de ce que représente encore l'idée d'Etat en Afrique. En se donnant, comme projet, d'être la forme juridictionnelle, institutionnelle et administrative moderne de la vie collective, l'Etat africain vide ses attributs de leur contenu matériel ou concret. Il institue une rupture entre le droit/la loi et le fait, le dire et le faire, etc. Les interpellations répétées (des gouvernements étrangers, des institutions internationales, des associations privées) à l'adresse des régimes constitutionnels et «démocratiques» africains, en raison des violations graves des droits que les textes reconnaissent, de la partialité de la justice, d'élections irrégulières, de la corruption, traduisent cette rupture entre la légalité constitutionnelle ou juridique et la réalité.

L'Etat idéologique est donc aliéné, mais bien plus, il faut reconnaître d'abord qu'il ne génère les réalités qui l'aliènent qu'en raison de sa propre faiblesse qui lui est co-naturelle. Il faut dire que l'expression «l'homme fort» qu'affectionnent la presse et l'opinion, pour désigner des chefs d'Etat d'Afrique, ne présuppose ni ne présume la réalité d'une puissance publique forte. La notion de puissance publique doit utilement rester redevable à la théorie politique de Thomas Hobbes[248]. Hobbes pense que l'Etat, en tant que pacte social advenu, ne peut sous-estimer le danger permanent que représente le *bellum omnium contra omnes*. Ce danger permanent peut prendre les formes variées de sédition (complot d'individus contre la puissance publique, guerre civile…). La légitimité et la rationalité du pacte social étant de conjurer la misère autodestructive de l'homme, et d'assurer donc à l'homme la «félicité» consécutive à la paix, l'Etat doit prendre la forme d'une puissance publique (qu'un individu ou une assemblée peut incarner). La puissance publique est analogue au Léviathan, (monstre marin auquel la légende orientale attribue d'énormes forces), parce que, d'une part elle procède de la dépossession des pouvoirs des contractants, et d'autre part, elle doit être capable de faire la loi, la faire respecter, de punir les déviations, de défendre tous, d'offrir et de protéger la paix pour tous.

Chez Hobbes, la puissance publique doit sa force à sa capacité de contraindre. L'Etat étant fondé sur un contrat de tous avec le souverain,

248 Th. Hobbes, *Léviathan*, Paris, Sirey, 1971.

ou l'assemblée souveraine, la puissance publique équivaut à la puissance du souverain ou de l'assemblée. C'est là une faiblesse de la théorie de Hobbes. Si la puissance de l'Etat est redevable à la puissance du souverain ou de l'Assemblée souveraine, la possibilité d'instabilité (justificatrice de la nécessité du contrat) risque d'être permanente. C'est pourquoi, la puissance publique ne peut réellement équivaloir au Léviathan qu'en raison de la force de la loi, des institutions et de l'administration.

L'on peut comprendre que la réalité d'homme fort, dont on parle, à titre de catégorie persistante des politiques africaines, est une marque distinctive d'Etat faible, reconnaissable par l'absence ou la vulnérabilité de la loi, des institutions et de l'administration.

Dire que l'image dominante de l'Etat africain est de loin comparable à celle d'une puissance publique, revient à prendre acte, au moins, de la réduction de la loi à son expression symbolique d'une pseudo-vie institutionnelle, du déficit de compétence administrative.

Il persiste, dans les politiques d'Etat en Afrique, une hétérogénéité de la loi. La primauté de la position politique et sociale de l'individu, des groupes organisés, étant réelle, la loi perd ses postulats d'homogénéité et d'universalité. L'hétérogénéité de la loi établit l'inégalité des citoyens/citoyennes en droit et en dignité. La réalité, à laquelle renvoie l'effet de la loi, est fonction des positions politico-sociales de l'individu. Dit autrement, la loi évite d'être homogène. En Afrique précisément, une des faiblesses de la loi est son hétérogénéité. En changeant d'interprétation et de contenu en raison simplement de la position politique de l'individu ou du groupe, la loi, en Afrique, perd son caractère obligatoire, impératif, son pouvoir coercitif, constitutif de son essence. Se passer de la loi peut devenir, pour l'individu, pour les groupes constitués et pour les pouvoirs publics, la règle; lui obéir, l'exception. L'abus de cette situation compromet l'essence de la loi, transforme la loi en une simple et pure vie de forme sans souci de contenu rigoureux.

En effet, l'aliénation de la loi, qui découle de son hétérogénéité, induit une pseudo-vie publique institutionnelle. Des régimes à parti-Etat au pluralisme politique, il demeure que les institutions républicaines ont du mal à remplir les fonctions, les rôles et les projets sociaux dont la loi les charge formellement. La vie publique étant posée de droit (cas des partis-Etats) et de fait (cas des démocraties émergentes) au-dessous de l'autorité du «père de la nation», du «président fondateur», du «guide de la révolution», de l'oligarchie politico-militaro-administrative, les institutions de la République n'ont pas de vie authentique conforme à celle que la loi leur reconnaît. La vie institutionnelle des Etats postcoloniaux d'Afrique, quoique constitutionnelle, «se prête bien à cette stratégie de leurre[249]», dont un des objectifs est l'assurance que cherchent et donnent des politiques gouvernementales aux Etats partenaires occidentaux, aux institutions internationales, aux divers groupes de pression que sont les associations... L'inféodation de la magistrature aux forces politiques, la politisation de l'Armée, la transformation du parlement en «chambre d'enregistrement» des projets gouvernementaux... illustrent bien la pseudo-vie institutionnelle qu'un «constitutionnalisme de pacotille[250]» génère.

L'existence juridique, institutionnelle, administrative de l'Etat étant prioritairement réduite à une simple et pure vie de forme, l'Etat lui-même a du mal à être en réalité une puissance publique. Cette faiblesse de l'Etat idéologique génère et facilite une forme complémentaire de son aliénation: l'Etat abandonne ses compétences ou prérogatives, tout son espace public, à ses «opposés exacts» ou ses contraires et contradictoires. Les réalités dévastatrices de l'Etat prolifèrent et prospèrent en Afrique contemporaine en raison de la fragilité de l'appareillage juridico-institutionnel et administratif. Cette énième version de l'aliénation de l'Etat correspond à au moins deux réalités: la politique tribale, la tutelle politique de fait.

Parlons d'abord de la génération de la politique tribale comme faiblesse et fragilisation de l'appareil d'Etat. La délimitation des colonies, configurations territoriales primitives des Etats-nations postcoloniaux, a laissé un lourd héritage à la politique tribale. Les analyses[251] des conflits et déchirures postcoloniaux font habituellement du regroupement hétérogène des peuples, sans considération des micro-identités, un facteur récurrent de la faiblesse des Etats-nations contemporains. Mais, il faut remarquer que la configuration multitribale des Etats-nations ne justifie pas en soi la politique tribale. Car, contrairement à une opinion rendue dominante par les sciences juridiques et la politologie, aucune vieille démocratie ne peut encore se prévaloir de nation à homogénéité parfaite

249 Une expression de M. Tshiyembe, in *Etat multinational et démocratie africaine*, Paris, L'Harmattan, 2001, p. 145.

250 M. Tshiyembe, *op. cit.*, p. 144.

251 La bibliographie sur cette hypothèse est abondante.

ou totale. Les déchirures de la Yougoslavie, de la Tchécoslovaquie, des nations soviétiques, de l'Irlande, le problème corse... révèlent que l'idée de nation (comme peuple homogène) demeure plus idéologique que réelle. La multitribalité, nous semble-t-il, ne se révèle comme déchirure dévastatrice des Etats-nations postcoloniaux qu'en raison de l'occupation de la place de l'Etat par des identités tribales. Le tribalisme ou la politique tribale n'est donc pas une pure émanation de l'existence d'une multiplicité de tribus sur un même territoire, sous une même loi, mais l'occupation réelle ou en projet, de l'espace public de l'Etat, par des groupes politiques (partis, bandes armées, comité de putsch), économiques (Etats affairistes, sociétés, firmes...) qui exploitent les déchirures tribales. L'Etat idéologique, en raison de sa faiblesse, génère la politique tribale, et bien plus, se fragilise par celle-ci.

Une première marque de cette fragilisation de l'Etat par la politique tribale est la compromission dans les faits de l'idéologie de l'unité nationale. En se greffant sur un pluralisme ethniquc sans cohésion, l'Etat est constamment menacé de déchirure autodestructrice. On peut dire qu'une deuxième marque de la fragilisation de l'Etat par le tribalisme est la guerre tribale. Il n'est besoin ici de multiplier les exemples de crises qui illustrent la fragilisation de l'appareil d'Etat.

Parlons à présent de la génération de la politique de tutelle comme faiblesse et fragilisation de l'appareil d'Etat. Les politiques gouvernementales des Etats postcoloniaux d'Afrique rappellent le régime de tutelle, par lequel les Nations Unies avaient remplacé le régime de mandat. En se permettant d'établir une analogie entre la politique postcoloniale et le régime de tutelle, l'on cherche à se réapproprier la notion de néocolonialisme dont Kwame Nkrumah[252] a fait la théorie.

Le néocolonialisme traduit chez le philosophe ghanéen la réalité du contrôle, de l'orientation des politiques gouvernementales, économiques, de défense par les anciennes puissances colonisatrices. Le néocolonialisme ou la politique de tutelle découle de la faiblesse de l'Etat idéologique. La tutelle politique de fait trouve sa légitimité dans l'incapacité de l'Etat idéologique à assumer ses prérogatives. Il est fait allusion à l'incapacité de l'Etat postcolonial à assurer sa défense, à définir une politique économique, monétaire viable, à faire face aux problèmes sociaux normaux (salaire, santé, scolarisation...), à relever de grands défis (la

252 K. Nkrumah, *Neocolonialism, the last stage of imperialism*, London, Nelson, 1965.

recherche, le développement, le marché néolibéral…). Cette incapacité de l'Etat idéologique est un abandon de l'espace public aux institutions internationales, aux puissances du Nord et au marché néolibéral. Cette situation fragilise, par ricochet, les politiques d'Etat en les privant de cohérence, de consistance ou de viabilité.

Nous disons au total que, dans ses incarnations diverses, l'Etat postcolonial se révèle un appareil juridico-institutionnel administratif qui trahit sa propre rationalité, sa raison d'être et son projet. Se justifie pourquoi l'aliénation du sens public, par les réalités contraires et contradictoires de l'Etat, empêche la politique africaine d'être la rationalité politique du développement, de la société et de ses sous-systèmes dont les sciences et technologies.

1.3 Aliénation du sens public et incapacité de la politique à être la rationalité du développement moderne

L'abandon des espaces et prérogatives de l'Etat, par les appareils juridico-institutionnels et administratifs postcoloniaux, donne aux opposés exacts de l'Etat la capacité de dénaturer ou de dévoyer les raisons d'être de celui-ci. Le dévoiement ou la perversion de la raison d'être et du projet de l'Etat est ce qui est proprement appelé aliénation du sens public.

L'aliénation du sens public de l'action et des projets en Afrique postcoloniale, nous semble-t-il, se traduit d'abord par la compromission des intérêts nationaux africains. La faillite répétée des économies nationales africaines, malgré l'exploitation intensive et extensive des ressources naturelles (pétrole, diamant, or et autres pierres précieuses, forêts…), donne une idée de ce que certains théoriciens du développement ont appelé le pillage des ressources, la corruption, qui sont des formes de sabotage des intérêts nationaux. C'est dire que l'entreprise publique (dont la gestion catastrophique a légitimé les vagues de privatisation), tout comme l'exploitation des ressources naturelles par les firmes étrangères, n'ont pas évité de corroborer la thèse du «pillage du tiers-monde[253]» dont Pierre Jalée a parlé. Le régime politique dont l'organisation fait prospérer le pillage de l'Etat, «l'économie de prédation», entretient une rationalité politique qui compromet les intérêts légitimes

253 P. Jalée, *Le pillage du tiers monde*, Paris, Maspéro, 1965.

nationaux. Les formes actuelles que prennent la production des biens, les prestations de service, le marché néolibéral, ne peuvent s'accommoder d'une rationalité politique qui s'affirme comme un système total de compromission des intérêts nationaux. Sur ce plan, l'aliénation des intérêts nationaux est contradictoire à la logique ou à la rationalité politique du développement et de la recherche.

Un second aspect de cette contradiction: l'aliénation du sens public, c'est le déficit d'évaluation de la portée de ce qui vaut la peine. L'aliénation du sens public est, de ce point de vue, le fait de reléguer au rang d'accessoire ce qui a valeur de priorité nationale et inversement. Il s'ensuit habituellement et inévitablement une mobilisation des ressources pour de pseudo-priorités nationales. Les éléphants blancs en étaient une illustration.

En occupant «l'espace public» des priorités nationales, les pseudo-priorités développent une rationalité politique de sous-développement. La rationalité politique qui a du mal à reconnaître ses propres priorités, ne peut entretenir, ni le développement dans son ensemble, ni le développement scientifico-technologique.

Un troisième aspect de la compromission de la rationalité du développement par la politique aliénée est la suivante: en renonçant à ses prérogatives publiques, l'Etat laisse l'initiative à d'autres. L'Etat aliéné découvre son incapacité à influencer les réseaux productifs, le marché, les relations internationales. Ce fatalisme nouveau dont l'Etat postcolonial est victime, il ne le doit qu'à son aliénation, à sa faiblesse. Ce fatalisme contemporain développe une rationalité politique incapable d'initier et d'entretenir le développement, en conséquence incapable de soutenir le développement scientifique et technologique. L'Etat aliéné, au total, met en avant une rationalité politique aux antipodes de la modernisation de l'organisation. Tout développement moderne et contemporain est comme un auto-déploiement de la rationalité qu'incarne la politique autonome: l'objectivation de l'agir collectif ou public.

2. Politique autonome: objectivation de l'agir comme rationalité du développement

Les réformes répétées et variées des lois nationales contemporaines occidentales, comme réponses aux nouveaux problèmes (la défense, l'économie, l'homosexualité…) confirment l'idée que la modernité fait de la politique l'espace où tout prend son sens public. On peut penser, en raison de cela, que la persistance en Afrique du sous-développement, sous ses formes variées (économies fragiles, conflits dévastateurs, crises politiques permanentes…), symbolise l'incapacité de l'Etat de se constituer comme l'espace où les initiatives du développement doivent prendre leur sens ou leur cohérence. Cette incapacité d'être le sens public des initiatives, l'Etat africain le doit à son aliénation propre qui fait de lui l'obstacle majeur du développement. L'impératif de réforme de l'Etat aliéné a pour projet la conquête de l'autonomie politique, qui incarne la restitution, à l'Etat lui-même, de sa rationalité, c'est-à-dire sa raison sociale d'être contemporaine.

L'autonomie politique (dont le néocolonialisme, la place marginale de l'Afrique dans le concert des nations, les crises politiques persistantes, ont montré la non-réalisation) demeure un appel à des réformes institutionnelles. L'impératif d'autonomie politique fait obligation à l'Etat de se soustraire à un régime d'«hétéronomie[254]» et d'être son propre «législateur[255]». C'est dire que l'Etat ne peut déléguer, ni abandonner, à nul autre, ses prérogatives, ni se démettre de son statut d'ultime garant du sens public. On doit le souligner: en raison du partage du projet dominant et envahissant de modernité, les réformes démocratiques, formellement annoncées en Afrique, n'auront ni sens, ni consistance, si elles n'offrent aux Africains l'opportunité de réhabiliter l'Etat comme lieu public où prend sens la société comme projet cohérent.

L'autonomie politique, qui s'entend par opposition à l'hétéronomie politique, en tant qu'elle est la projection de la réforme de l'Etat aliéné ou idéologique, est une exigence de transparence de l'Etat à lui-même. L'autonomie politique, qui est nécessairement un renforcement de la démocratie, est une auto-découverte de la rationalité contemporaine de

254 Terme kantien.
255 Terme kantien.

l'Etat, celle qui fait de l'espace politique le sens, l'objectivation et la dynamique endogène de toute ambition sociale ou collective.

Pour mieux mesurer comment cette exigence de transparence de l'Etat à lui-même est la rationalité de tout développement, il faut d'abord indiquer l'identité entre sa carence et le sous-développement.

Parler du développement en oubliant sa rationalité, sa normativité, c'est fonder une société opaque à elle-même. Une société opaque définit un défaut de communication entre pratiques sociales et ses fondements normatifs, ses raisons pragmatiques. Nous sommes dans des sociétés où on ne sait ni à quoi correspond ce que l'on fait, ni ce qui fonde l'agir. Aucun repère ne fonde l'agir social. Aucune raison socialement défendable ne fonde la décision. La politique opaque est inapte à gérer et à organiser l'Etat de telle manière que

> dans son fonctionnement, il ne devienne pas un obstacle à la liberté de l'individu, à ses capacités entrepreneuriales, à la production des richesses et à l'efficacité économique en général[256],

et à la possibilité même d'une communauté politique. Bref la politique opaque caractéristique du sous-développement se distingue par:

- un défaut de communication de la société avec elle-même,
- une contradiction entre l'agir et son support pragmatique, l'agir et toute norme référentielle objective,
- l'improvisation quotidienne au détriment de la prévision et de la décision rationnelle,
- une économie extravertie et népotique,
- la violence meurtrière et les guerres tribales qui compromettent la possibilité de vouloir vivre ensemble,
- la violation des droits de la personne humaine et des libertés fondamentales,
- bref, l'organisation sociale arbitraire et irrationnelle.

Il s'agit donc d'une politique hasardeuse, non fondée, soustraite à la justification et à la discussion publique ou à la délibération publique. «L'ensemble des règles de la contradiction» constitue ses normes réfé-

256 A. Mbembe, «Etat, violence et accumulation – Leçons d'Afrique», *Foi et Développement*, n°s 164/165, Paris, 1988.

rentielles. L'on voit que la politique opaque est un attribut d'une société incapable de s'auto-développer.

En s'enfermant dans l'agir contradictoire, une politique opaque ne peut servir de base organisationnelle au développement moderne. Il importe de recentrer le problème du développement sur le besoin d'une organisation politique ou d'une rationalité politique de la société et de ses sous-systèmes dont la technologie.

En vérité, aucun développement authentique intégral et durable n'est possible sans une organisation politique revue de nos sociétés actuelles. Les sous-systèmes sociaux que sont l'économie, la technologie, ne peuvent se développer que dans le cadre institutionnel normatif d'une organisation qui rend la société transparente à elle-même.

En réduisant, dans l'optique d'une philosophie de la modernité, la problématique du développement à celle de la société elle-même, nous voulons convenir que le développement ne peut être soutenu que par la démocratie. Les passions et les intérêts qui ont dominé la rhétorique autour de ce débat – dans le contexte des conférences nationales et des transitions démocratiques africaines – ont occulté malheureusement sa portée heuristique. Pour sortir de cette rhétorique passionnée ambiante nous affichons une position critique qu'il convient d'expliciter en opposant J. Habermas à Max Weber afin de comprendre que la transparence sociale ou la démocratie est un cadre approprié institutionnel ou normatif du développement moderne. La démocratie moderne est fondamentalement le triomphe du droit et de la morale objective.

Un penseur de la modernité comme Max Weber ne conçoit l'évolution et l'organisation sociale que sous l'angle de la rationalisation. Le concept de rationalisation chez Max Weber porte une remise en cause de l'efficience des anciennes valeurs métaphysiques, religieuses dans leur prétention de servir de légitimation à l'agir social. C'est cette remise en cause qui a permis à Weber d'identifier la rationalisation à l'intellectualisation, au désenchantement, à la désacralisation de la vie publique. Ce qui confine le sacré dans les relations privées, de fraternité. Désacralisée, privée de ses sources traditionnelles, la rationalité de l'agir est sa propre fin. Au point que la rationalisation chez Max Weber se résume à la rationalité instrumentale, l'activité rationnelle par rapport à une fin. Max Weber valorise les incidences de la science sur l'organisation sociale moderne. Précisément dans l'esprit de la modernité, son concept de rationalisation mérite d'être nuancé.

Jürgen Habermas fait un usage autre du concept de rationalisation qui caractérise l'évolution et l'organisation sociale moderne. Habermas pense que l'action rationnelle par rapport à une fin présuppose que chaque sujet de l'action suit de façon monologique certaines options préférentielles et certains principes de décision sans se soucier de leur conformité à ceux des autres sujets de l'action. Selon Habermas, l'agir rationnel ne peut se passer de référents intersubjectifs, de la communication entre les sujets en interaction. L'agir a besoin d'un cadre normatif intersubjectif dont l'objectif est son universalité. La réappropriation, par Habermas, du concept de raison pratique ou d'usage public de la raison fonde une «théorie de l'agir communicationnel». L'évolution et l'organisation sociales modernes se fondent sur la quête permanente de consensus social identifiable à un cadre institutionnel soutenu par le droit et la morale. La redéfinition de la rationalisation dans la perspective de la «théorie de l'agir communicationnel» est plus ouverte à la démocratie. Ainsi que le dit Habermas:

> On entendra par démocratie les formes institutionnelles garanties d'une institution universelle et publique qui est consacrée à la question pratique de savoir comment les hommes peuvent et veulent vivre ensemble dans le cadre des conditions objectives déterminées par le pouvoir immensément accru dont ils disposent sur les choses: comment le pouvoir de disposer techniquement des choses peut-il être réintégré au sein du consensus des citoyens dans différentes actions ou négociations?[257]

Le cadre institutionnel de l'agir communicationnel moderne ne peut qu'être fondé sur le droit, la morale, la discussion ou encore la délibération publique.

La reformulation par Habermas de ce que Weber appelle la rationalisation, offre la possibilité de dire que l'organisation sociale moderne ne peut être que la démocratie. Seule la démocratie peut être le cadre institutionnel normatif de développement des sous-systèmes d'activité sociale. Dans cette perspective, la démocratie est un système politique qui objective les fondements et les justifications de l'agir social. Le propre de la politique anti-moderne est l'arbitraire et l'opacité. Le despote obscur entretient dans la communauté un agir monologique qui souffre de

257 J. Habermas, *La technique et la science comme idéologie*, Paris, Gallimard, 1973, pp. 88-89.

justification objective. Ce qui a faussement valeur de droit et de morale se justifie sans référence aux sujets qui sont en interaction dans la communauté. La démocratie, au sens d'une organisation politique moderne de la société, est une remise en cause de l'agir monologique. Le droit et la morale, qui définissent fondamentalement cette forme politique qu'est la démocratie, réhabilitent un schéma d'agir intersubjectif. L'interaction subjective, dont la source de légitimité est ce que les sujets consensuellement nomment le droit et la morale, objective l'agir. La modernité politique se caractérise précisément par l'objectivation de l'agir social dont la source théorique se trouve dans l'usage public de la Raison dont parlait E. Kant. L'objectivation de l'agir autorise une discussion préalable objectivante entre les sujets en entreprenant de faire, ce qui légitime l'action, le projet. La connaissance objective des raisons qui fondent l'agir social établit une communication de la société avec elle-même.

C'est cette communication, par la délibération publique ou la discussion, qui objective les fondements et les références de l'agir. Est transparente une société qui se fonde et s'organise

> selon cela que l'homme est le seul à être, à avoir, à faire: la parole qui explore et dit le réel, qui engage celui qui la profère, la capacité de concevoir, de délibérer et d'accomplir ensemble[258].

Cette définition de la société transparente, qui remet en honneur l'objectivation de l'agir social dans la communication, est une composante capitale du projet de modernité. L'agir s'objective et se défend dans le consensus de la communication. L'objectivation de l'agir est une exigence que seul le choix de la modernité politique peut se donner. Alors, le développement moderne ne peut se soutenir par une société opaque ou irrationnelle, une politique qui défie la raison en s'enfermant dans le refus de l'organisation transparente de l'agir social. La politique autonome est la rationalité de tout développement moderne.

On peut dire au terme de ce chapitre que l'impératif d'avoir des politiques rationnelles de la science ne peut s'isoler de la rationalité politique du développement en général. Dans leur ensemble, les expériences de développement semblent tenir leur cohérence (sens public) des poli-

258 Eboussi Boulaga, *Les conférences nationales en Afrique Noire, une affaire à suivre*..., Paris, Karthala, 1993, p. 129.

tiques autonomes d'Etat. La politique rationnelle de développement des sciences et technologies doit s'entendre préalablement comme «politique publique de la recherche», c'est-à-dire plus précisément, une politique de recherche qui doit découvrir sa nature auto-centrée dans le développement des mécanismes de reproduction de la société, et de production des biens et des services.

Chapitre 10

De la politique publique en faveur de la recherche

Les expériences occidentales et asiatiques d'engagement dans le projet de modernité ont suffisamment montré que «la domestication» ou «l'appropriation» des sciences et technologies modernes et contemporaines n'a pas qu'un coût culturel; elle est également et rigoureusement une politique d'Etat. A voir l'expansion technologique des puissances asiatiques traditionnelles (Japon, Chine) et de l'ex-URSS, on est en droit de se demander si ces exemples de développement pourraient se dispenser des options politiques publiques volontaristes qui les avaient initiés, soutenus et promus. Il nous semble que les puissances occidentales, ainsi que la Russie, la Chine, le Japon ont illustré, mieux que les nouvelles terres d'accueil des capitaux, technologies et firmes capitalistes délocalisés (Singapour, Corée du Sud, Taiwan…), la consistance du développement scientifique et technologique. Nous parlons de consistance pour mettre en honneur le fait que les expériences occidentales, russes, asiatiques classiques (Chine, Japon) de modernisation scientifique et technologique défendent leur durabilité dans leur endogénéité singulière, ou en tant qu'option politique d'Etat.

Ces expériences classiques donnent, à la théorie du développement, de voir qu'aucune ambition nationale scientifique et technologique viable ne peut déroger à l'option résolue d'une politique publique en soi favorable à la recherche. L'expansion de l'économie néolibérale ne doit aucunement distraire la conscience africaine sur l'impératif (bien partagé par les puissances capitalistes) du choix des sciences et technologies comme politique d'Etat.

Ceci dit, l'idée de politique scientifique et technologique devrait signifier, plus sérieusement dans les nations africaines, l'unanimité sur la place non dérogatoire des politiques d'Etat dans les ambitions nationales de recherche. Alors, les politiques promotrices de la recherche et des libertés intellectuelles s'entendent comme incarnations particulières des politiques publiques en faveur de la reproduction sociale, de la production des biens et services…

Plus clairement, nous pensons que: Une politique autocentrée de développement scientifique et technologique ne peut éviter d'être fondamentalement une politique publique en faveur de la recherche.

Les politiques africaines de la recherche doivent être conçues en conséquence et, en un sens, comme de simples parties intégrantes des ambitions sociales d'auto-reproduction que les Etats eux-mêmes se donnent. Le pragmatisme des politiques africaines de la recherche doit se mesurer, en un autre sens, dans la capacité de celles-ci à être de simples politiques ambitieuses de production des biens et des services.

1. La place d'une politique publique dans les ambitions nationales de recherche

La notion de politique publique en faveur de la recherche n'induit pas l'idée d'un monopole de la recherche par l'Etat. Elle reste plutôt attentive au fait que, malgré l'importance de l'implication de l'entreprise capitaliste dans les progrès technologiques, les puissances industrielles et politiques (USA, pays d'Europe, Russie, Japon, Chine…) donnent toujours l'impression que la recherche demeure pour elles «une affaire d'une énorme importance nationale[259]». Il y a là, nous semble-t-il, une leçon à laquelle les nations africaines, qui nourrissent des ambitions de développement, ne doivent pas rester insensibles: le rôle de premier plan que continuent de jouer les appuis non publics à la formation, à la recherche, aux travaux et résultats, à l'information… ne peut dispenser l'Etat de faire de la recherche une affaire souveraine. Il s'agit pour les politiques gouvernementales de convenir de leur place non dérogatoire dans la consolidation et l'efficience des dynamiques nationales organisationnelles de création d'idées et de savoir-faire. L'argumentaire, qui sous-tend une telle vue, va consister d'abord à dissiper les illusions qu'entretient, malheureusement, ce qui tient lieu, dans la gouvernance africaine, de politique nationale de la recherche. Evidemment cet argumentaire, tout en reconnaissant le rôle déterminant du soutien non public à l'expansion technologique et scientifique, prend acte du fait que

259 J.G. Crowther, *Statesmen of science*, London, Cresset Press, 1952, p. 254.

l'époque contemporaine fait de la politique d'Etat l'ultime sphère sociale qui sert de repère aux horizons de la recherche.

La recherche, à l'initiative des groupes privés, n'est pas un fait nouveau. Les civilisations anciennes et antiques illustrent bien ce que le capital universel de la science doit aux scribes, maîtres des temples égyptiens antiques, aux écoles ésotériques grecques (l'Ecole des Pythagoriciens, l'Académie de Platon, le Lycée d'Aristote...). La nouveauté, issue de l'époque contemporaine, est la place, plus résolue et plus formelle, que la recherche non publique occupe dans l'organisation sociale, la production contemporaine.

En effet, le libéralisme et le néolibéralisme ont fait du travail intellectuel un pilier de l'organisation sociale, de la production économique et des lois du marché. Aujourd'hui, *Microsoft* par exemple impose sa loi au marché de l'informatique en raison de ses moyens financiers, de sa politique commerciale très offensive, mais aussi de sa capacité d'innovation. Il était dit également de l'International Business Machines (I.B.M.) que sa position de «cinquième firme mondiale avec un capital de 11 milliards de dollars de chiffre d'affaire» était assez redevable à «ses programmes de recherche-développement»[260].

Cette nouveauté, dans le destin des sociétés contemporaines, se justifie du fait que l'Etat n'a pas le monopole, ni de l'initiative, ni des enjeux des progrès économiques et du développement. Dans la logique des ambitions nationales de développement en Afrique, il est raisonnable que l'Etat sache reconnaître, à d'autres acteurs, toute la place que le destin contemporain des sociétés leur réserve. La libéralisation des initiatives de développement, à laquelle les nations avancées, leurs capitaux et institutions financières soumettent les autres nations, va inévitablement renforcer l'éclatement progressif du monopole que les partis-Etats postcoloniaux s'auto-accordaient sur le développement, son initiative, son organisation chaotique, son échec conséquent. L'option de la libération de l'entreprise (diktat des capitaux du Nord aux pauvres) dont font montre les nouvelles politiques gouvernementales (lois des finances, privatisation), le Nouveau Partenariat pour le Développement de l'Afrique, ne peut éviter d'accommoder ses chances de succès à l'initiation de la recherche privée ou à l'implication du secteur privé dans la recherche-développement. Il est d'ailleurs remarquable que les poli-

260 D. Redor, *La multinationalisation des entreprises*, Paris, Hâtier, 1981, pp. 10-11.

tiques universitaires africaines font, de plus en plus, des clins d'œil, à l'entreprise privée comme un partenaire objectif. Les ambitions de réforme des politiques universitaires de la recherche ne peuvent se passer d'un partenariat qui continue de faire des preuves dans les nations plus avancées. Il faut donc considérer que, dans une perspective de réforme des politiques scientifiques africaines, les programmes gouvernementaux doivent rester ouverts aux implications non publiques dans la recherche. Mais le problème qui demeure crucial est que bon nombre de politiques gouvernementales africaines semblent se contenter d'une quasi-substitution du soutien non public au devoir d'Etat dans ce qui tient lieu de système national de la recherche. L'ampleur de ce déficit de responsabilité publique dans les initiatives nationales de recherche peut s'apprécier, à sa juste portée, par l'énormité de la dette des institutions universitaires académiques publiques d'Afrique, de leurs laboratoires, travaux, résultats, formations, envers les partenaires étrangers. Le cas du Togo est exemplaire: «l'apport de l'Etat pour la recherche par rapport au PIB était de 0,46% en 1974, de 0,67 % en 1984, de 0,77 % en 1989[261]». S'il est évident que les ressources financières que l'Etat togolais met à la disposition de la recherche, sont largement absorbées par le budget général (salaires, dépenses de fonctionnement), l'on doit comprendre que la part des bailleurs de fonds étrangers (le FAC, le CRDI, le GTZ, l'ONUDI, la FAO, l'UNESCO, le PNUD, l'ACDI)[262] dans le budget d'investissement et d'équipement est énorme.

On n'a pas besoin d'insister outre mesure sur le rôle positif joué par l'aide étrangère jusqu'aujourd'hui, dans le financement de la recherche en Afrique.

On ne peut donc désapprouver l'aide étrangère (forme particulière de soutien non public) à la recherche africaine. Mais l'aide non publique ne peut occulter l'horizon politique des sciences et technologies contemporaines, qui fait de l'Etat l'ultime sphère sociale de réglementation de l'intelligence humaine.

261 Source: Les Etats généraux de l'Education, travaux de la sous-commission «Financement de la Recherche et la Condition du chercheur».

262 FAC: Fonds d'Aide et de Coopération. GTZ: Coopération Technique Allemande ONUDI: Organisation des Nations Unies pour le Développement Industriel. UNESCO: Organisation des Nations Unies pour l'Education, la Science et la Culture. PNUD: Programme des Nations Unies pour le Développement.

L'époque contemporaine fourmille d'exemples qui montrent comment la liberté scientifique est toujours à la mesure de ce que l'Etat accepte de tolérer. Ceci dit, le caractère non dérogatoire des politiques publiques dans les ambitions africaines de recherche tient à deux raisons au moins:

- La politique publique d'Etat demeure, partout et en premier chef dans les nations capitalistes avancées, l'orientation globale et cohérente du progrès social. Le capitalisme n'a jamais montré dans aucune de ses phases, qu'il pourrait se passer de l'onction de l'Etat. C'est pourquoi les guerres économiques de l'entreprise néolibérale et de son marché dit libre, prospèrent en harmonie avec l'état des relations diplomatiques entre Etats. Les guerres politiques sont devenues des guerres économiques et inversement. L'on doit retenir donc en Afrique, que la globalisation de l'économie, que répandent l'entreprise capitaliste et son mode de production, n'a signifié nulle part la vacance de l'Etat et de la politique publique dans le progrès social. L'on pourrait être tenté de penser, à tort, que la notion de marché libéralisé ou globalisé consacre une totale porosité des limites territoriales, domaines de compétences des Etats. Ce qui vaut pour les nations faibles, dont les territoires sont sous le contrôle économique des forts, ne vaut pas pour les nations avancées. Les embargos et autres mesures de rétorsion économique contre les nations-adversaires sont les preuves que la liberté économique sait reconnaître les limites des territoires des Etats.En Afrique, l'Etat ne peut éviter d'être la sphère sociale où le développement, et la recherche scientifique qui doit l'accompagner, tiennent leur sens.
- La politique souveraine, en restituant à l'Etat sa propre place sociale, assure l'endogénéité des ambitions de développement en général et du développement de la recherche en particulier. C'est en considérant les savoirs, les savoir-faire, leur production, leur valorisation comme une affaire d'Etat, que les sociétés africaines peuvent recentrer leurs ambitions scientifiques sur les enjeux de leur propre affirmation nationale, de leur visibilité historique, sur leurs «intérêts supérieurs», bref sur leur propre choix du présent et de l'avenir. Autocentrer la recherche africaine nous semble moins se réduire à la seule perspective de réhabilitation des savoirs et savoir-faire anciens. Il est, beaucoup plus et en général, l'enracinement de la re-

cherche africaine dans son *ethos* immédiat, fait de priorités immédiates et d'ambitions ouvertes. C'est en cela que seule une politique publique peut rendre la recherche tout à la fois endogène et ouverte.

Il faut comprendre aussi que le volontarisme et l'efficience des perspectives de révision des politiques africaines de développement et de la recherche ne peuvent éviter de se dispenser d'être des choix publics fondamentaux de société, favorables à des régimes de liberté et de production, en compatibilité avec les impératifs de progrès que les Etats eux-mêmes se donnent.

2. De la politique de la recherche dans le sillage des ambitions de progrès de l'Etat

Penser que l'exigence de politiques publiques scientifiques consiste à inscrire la recherche dans le sillage des ambitions de progrès national, demande d'abord qu'il soit dissipé un malentendu, encore dominant dans les pays d'Afrique, sur l'impératif des libertés intellectuelles.

2.1 Un malentendu sur l'impératif des libertés intellectuelles

La politique publique de la science est par définition l'organisation globale du travail scientifique, et se singularise par le statut que la société elle-même réserve aux structures et enjeux de la production intellectuelle en général. La politique publique de la science ou de la recherche, dans un contexte considéré, reste marquée par le statut social réservé aux «libertés intellectuelles[263]». En prenant à témoin l'histoire des sociétés, l'on doit reconnaître que la politique publique des savoirs est l'interface entre les ambitions d'extension des espaces d'autorité politique et l'autorité que l'intelligence confère à des individus et/ou réseaux sociaux.

263 Sur cette question, se référer aux travaux collectifs suivants: M. Diouf et M. Mamdani (sous. dir.), *Liberté académique en Afrique*, Dakar, Codesria, 1994. – Anonyme, *Les libertés intellectuelles en Afrique*, Dakar, Codesria, 1995.

Cette position d'interface sociale fait que toute politique des savoirs est constamment marquée par ou l'harmonie ou le conflit entre l'autorité décisionnelle et l'autorité intellectuelle. Des civilisations anciennes aux nations contemporaines, il y a beaucoup d'exemples qui illustrent ou l'harmonie ou le conflit entre le pouvoir décisionnel et le pouvoir intellectuel. Les ambitions de progrès des Pharaons d'Egypte antique et celles des USA et autres pays partagent en commun la volonté politique de réquisitionner les travailleurs intellectuels pour des affaires d'importance nationale. Le procès de Socrate à Athènes, l'affaire Oppenheimer aux USA illustrent par contre que les sociétés anciennes et les sociétés contemporaines partagent les possibilités de conflit entre l'autorité décisionnelle et l'autorité intellectuelle. La réquisition des travailleurs intellectuels pour des affaires d'importance nationale et la guerre politique contre les savants sont les deux faces d'une même pièce. Elles sont à la mesure des aptitudes ou capacités d'une politique particulière à contrôler et à gérer les espaces d'autorité qui existent dans la société. En accusant Socrate d'avoir corrompu la jeunesse et introduit de nouvelles divinités dans le panthéon grec, les politiciens ont montré leur incapacité dans le contrôle et la gestion de l'autorité consécutive à l'audience qu'acquiert l'intellectuel. Pareillement, en prenant Oppenheimer comme un «security risk», le gouvernement américain craignait, dans un contexte de guerre froide, une fragilisation de sa capacité dissuasive vis-à-vis de l'Union Soviétique et du monde communiste. Peut-être, ni Socrate, ni Oppenheimer ne seraient condamnés, s'ils ne représentaient aucune menace, à plus ou moins long terme, pour ceux qui leur en voulaient.

Dans tous les cas, la politique et les structures intellectuelles sont, à l'analyse, deux pouvoirs distincts, mais la perception sociale qui les réduit à deux forces ennemies leur est auto-suicidaire. C'est dire que les rapports conflictuels entre autorité politique et autorité intellectuelle sont loin d'être ici comme aujourd'hui, la règle dans les mécanismes sociaux de reproduction du savoir et de la société. Cette idée permet de lever un malentendu essentiel autour de l'impératif des libertés intellectuelles dans les nations postcoloniales d'Afrique.

Dans la plupart des Etats d'Afrique, le renforcement du despotisme obscur et la lutte pour les libertés intellectuelles se sont beaucoup plus affirmés comme des mécanismes sociaux qui s'excluent réciproquement.

Les formes prises par la répression ouverte des libertés intellectuelles (assassinat, arrestation, embastillement, occupation politicienne des campus...), ou la mise en veilleuse de ces libertés montrent que les gouvernants africains continuent de percevoir les mécanismes sociaux de production des idées comme des espaces d'opposition partisane. Aussi paraît-il contradictoire, à bon nombre de politiques d'Etats, de promouvoir de bonne foi, les libertés intellectuelles. La satisfaction de certains points des cahiers de charge des milieux scolaires et universitaires n'a souvent qu'une valeur circonstancielle. Il s'agit, pour des gouvernants, conjoncturellement de céder devant des pressions syndicales afin de contenir leur potentiel de déstabilisation de l'autorité publique. Il s'agit pour les politiques d'Etat de «calmer le jeu» dans les milieux scolaires et universitaires dont on connaît le pouvoir subversif. L'on peut comprendre pourquoi la satisfaction de certains points des cahiers de charge des universitaires n'a jamais donné lieu, dans beaucoup d'Etats d'Afrique, à de véritables politiques de reconnaissance et de promotion des libertés intellectuelles.

Face à cette tendance publique à la banalisation de la vie intellectuelle, se dressent souvent des formes de lutte syndicale qui laissent l'impression que la croissance des libertés intellectuelles induit une perte des espaces de l'autorité d'Etat. La rhétorique qu'a nourrie, au Sénégal, la question de la réglementation par voie législative d'un «régime des franchises et libertés universitaires[264]», nous paraît particulièrement expressive de ce qui est souligné ici.

Dans son *Avant-projet de texte sur les franchises et libertés universitaires* (modifiant la loi n° 69-33 du 19 juin 1969), l'Assemblée de l'Université de Dakar revendique, pour les universités du Sénégal, «le statut d'autonomie de police administrative» comme suit défini:

> Article 4. En application du régime des franchises et libertés, l'espace universitaire [...] est placé sous le statut d'autonomie de police administrative.
>
> Article 5. Le régime d'autonomie de police administrative implique que les forces militaires ou de police ne peuvent intervenir dans l'espace universitaire sans l'autorisation du Recteur de l'Université.

264 M. Samb, «Le SAES: Expérience en matière de libertés académiques», in *Liberté académique en Afrique* Dakar, Codesria, 1994, pp. 340-337.

> Article 6. A cet effet, le Recteur doit saisir les instances délibérantes de l'Université (assemblée de l'université, des facultés, conseil d'établissement et conseil d'administration notamment) pour en obtenir l'autorisation expresse[265].

Dans ses observations[266], le gouvernement du Sénégal a considéré que le principe d'autonomie de police administrative,

> signifie que le Recteur est par dérogation au droit commun, responsable du bon ordre, de la sûreté, de la tranquillité et de la salubrité publiques à l'intérieur de l'espace universitaire en lieu et place des autorités normalement responsables, c'est-à-dire, des autorités municipales et administratives.

L'autonomie de police administrative,

> signifierait donc que le Recteur bénéficie de l'autonomie pour élaborer le règlement intérieur de cet espace et le faire respecter et qu'il dispose donc des moyens, c'est-à-dire d'un corps de vigiles universitaires aptes à remplir les tâches quotidiennes de police administrative, aussi banales que le contrôle des accès, les constats d'accident de la circulation, les interventions en cas de rixes ou de personne en danger, etc.

Le gouvernement du Sénégal a, par ailleurs, observé que le contenu, les compétences, les modalités d'exercice de l'autonomie de police administrative, ainsi qu'ils figurent dans l'*Avant projet de texte sur les franchises et libertés académiques* (adopté par l'Assemblée de l'Université de Dakar), révèlent un «caractère irréaliste» et peuvent «avoir, en effet, pour objet ou pour effet de transformer l'université en zone franche sur le plan de la délinquance ou de la criminalité...»

Il est visible que, ce que le gouvernement du Sénégal rejette, c'est la réglementation des libertés académiques comme une limitation des compétences et de l'exercice de l'autorité publique. Il s'agit d'un refus de concevoir l'université comme un espace d'exercice d'autorité qui échappe au contrôle de l'autorité d'Etat, ou qui s'oppose vertement et résolument au pouvoir d'Etat. Dit autrement, le gouvernement du Sénégal attire l'attention sur ce que les libertés intellectuelles et académiques ne doivent et ne peuvent autoriser: la perception de l'université comme un Etat dans un Etat.

265 *Idem.*
266 M. Samb, *op. cit.*, pp. 347 et ss.

On peut se rendre compte qu'en Afrique contemporaine, la violation des franchises académiques, des libertés intellectuelles (par les politiques despotiques obscures et répressives), et leur revendication (dans les cahiers de charge des groupes syndicaux) entretiennent un malentendu. Ce malentendu est profondément le rapport de conflit permanent entre les exigences normatives du travail intellectuel et une totalité sociale qui lui est hostile. Bien évidemment, et ainsi qu'il a été souligné plus haut, le pouvoir intellectuel et le pouvoir politique sont séparés ou distincts et peuvent entrer en conflit. Mais l'autorité intellectuelle et l'autorité politique restent, dans leur normalité, redevables, l'une à l'autre et réciproquement. En entretenant, encore en Afrique, l'hostilité permanente comme seul rapport normal entre l'univers politique et les milieux intellectuels, l'on fait preuve de la méconnaissance de la vérité selon laquelle les libertés intellectuelles sont une incarnation des libertés politiques qu'une société s'offre pour sa propre reproduction. Des Etats en quête de progrès social, dans le monde contemporain, ne peuvent se résoudre à se rebeller contre les réseaux intellectuels et compromettre les mécanismes sociaux dont ceux-ci vivent. Il n'y a pas pour un Etat, dans notre monde contemporain, d'ambition, de progrès qui puisse se dispenser du service de l'intelligence. Un pire des choix politiques serait, en Afrique, le mépris public de l'intelligence et des mécanismes de sa présence. Les ambitions contemporaines de développement doivent interdire, à la politique et à la conscience collective africaine, de réserver, aux structures de production des savoirs et savoir-faire, le statut social de force vertement opposée à l'Etat, au lieu d'en être simplement distincte ou séparée.

2.2 Ambitions de modernisation de l'Etat et choix public des libertés intellectuelles

Le destin de la recherche ou du travail intellectuel en général ne peut pas se définir, dans la contemporanéité, en dehors de la totalité sociale. Les travailleurs intellectuels et les structures de production des idées sont des sous-systèmes des mécanismes totaux de reproduction de la dynamique sociale. La valeur du travail intellectuel est fonction des ambitions que la société se donne dans la logique de sa propre conservation et de sa propre reproduction. On doit convenir qu'il est paradoxal que des nations qui s'enlisent dans le choix du sous-développement et sa reproduction dans les structures politiques, veuillent se donner des ambitions scientifiques. Les nations africaines doivent lier leurs légitimes désirs de conquête des sciences et technologies au choix ou ambitions de progrès que les politiques d'Etat se donnent comme impératifs. Par ambition de progrès, l'on entend la normalité qui fait qu'un Etat ne peut s'inscrire dans la durée, sans développer les mécanismes sociaux de la reproduction continue de sa puissance. La reproduction de la puissance d'Etat réside, en un premier sens, dans la capacité réelle de l'Etat lui-même à se faire reconnaître (affirmation de souveraineté) par d'autres Etats. Elle est, en un deuxième sens, la capacité réelle de l'Etat à s'affirmer comme cadre idéal où la diversité et les conflits se surmontent sans compromission de la vie collective. La puissance d'Etat réside, donc également, dans la capacité institutionnelle de l'Etat d'être le lieu où le vouloir-vivre-ensemble résiste à l'auto-destruction sociale. La reproduction de la puissance d'Etat réside, en un troisième sens, dans la capacité de l'Etat d'être le cadre public qui donne satisfaction à l'expression des besoins. La fidélisation, dans la durée, d'une communauté nationale au territoire qui la détermine, est, quelquefois, liée aux capacités qu'offre le régime social des besoins, le régime économique. La reproduction de l'Etat comme puissance dépend, en un énième sens, de la capacité de l'Etat lui-même à entretenir les idées de sa survie, c'est-à-dire la base idéologique qui fonde sa durabilité.

En bref, l'impératif de modernisation ou de progrès social en Afrique est, proprement, l'obligation qu'a l'Etat de se reproduire dans la durée comme puissance souveraine dans un monde hostile qui n'a pas de place pour les faibles. On peut parler aujourd'hui d'une présence insignifiante des nations africaines dans l'économie mondiale, le marché... L'impératif de démarginalisation des sociétés africaines, dans le monde contemporain, requiert la construction de nations comme puissances souveraines: amélioration de la gouvernance politique, économique, de la production, etc.

Le travail intellectuel, en général, fait désormais partie intégrante des mécanismes sociaux qui traduisent en acte les ambitions nationales de progrès et qui font de l'Etat une puissance souveraine durable. Cela veut dire que les ambitions impératives de «démarginalisation» des sociétés africaines doivent justifier, dans les politiques gouvernementales, la reconnaissance concrète et sans feinte du travail intellectuel comme un sous-système de la totalité sociale vivante que constituent les mécanismes de reproduction de la société. Les expériences asiatiques de développement (Chine, Japon) ont montré comment les ambitions d'affirmation de puissance souveraine des nations n'ont pu se passer de politiques scientifiques et technologiques, excessivement volontaristes. En Chine et au Japon, on a fait des sciences et technologies une affaire d'Etat, une affaire nationale, plus exactement.

Une politique publique en faveur de la production scientifique doit donc présupposer que l'Etat lui-même se découvre comme mécanisme social de reconnaissance du rôle social irremplaçable, ou de la place sociale non dérogatoire du travail intellectuel. Il ne s'agit pas tout simplement de faire une profession de foi en faveur des sciences et technologies, comme c'est le cas dans tous les programmes gouvernementaux postcoloniaux. Il s'agit plutôt de réguler la reconnaissance et le choix social du travail intellectuel sur la «structure de base» qui répartit les rôles selon l'ordre des priorités. Eboussi Boulaga, dans son article «Intellectuels, nationalisme et idéal panafricain», nous permet de mieux éclairer ce point de vue. Il écrit:

> [...] le pouvoir intellectuel est reconnu par une société, dans la structure de base de cette société, comme une fonction parmi d'autres, comme un rôle parmi d'autres, qui a ses avantages, peut-être, et ses charges en tous cas, qui a ses immunités et ses sanctions. La structure de base est ce qui répartit ces rôles, avec les charges et les immunités attachées à chacun de ces rôles, et qui les reconnaît comme se soutenant les uns les autres, comme dépendant les uns des autres. [...]
>
> Etre intellectuel n'est pas un attribut individuel privé. La médiation d'un groupe fonctionnel inséré comme partie d'une structure de base est indispensable. Etre intellectuel ce n'est pas «avoir la grosse tête», comme on dit, avoir des connaissances et pouvoir dire «je suis intellectuel». On peut avoir toutes ces qualités et n'être rien dans une société qui ne reconnaît pas l'intelligence comme une valeur irréductible au pouvoir, à la richesse et à d'autres choses. Il n'y a d'intellectuel qu'à la médiation d'un groupe fonctionnel reconnu comme une valeur structurante, inséré comme partie d'une structure de base.
>
> Etre intellectuel n'est donc pas le fait d'une auto-proclamation, ni d'une qualification conférée par une instance moyennant des critères, des conditions et une procédure codifiés auxquels on a satisfait comme pour l'obtention d'un diplôme ou d'une décoration[267].

267 Eboussi Boulaga, «Intellectuels, nationalisme et idéal panafricain», *Mosaïque* n° 1, Lomé, 2003, pp. 6-7.

Ces thèses d'Eboussi Boulaga se passent ici d'exploration critique et permettent de préciser ce que signifient concrètement la reconnaissance et le choix public de la recherche ou de la production intellectuelle.

Le choix public du travail intellectuel est substantiellement l'option d'un régime politique institutionnellement et structurellement favorable à l'intelligence. La modernisation occidentale est le premier argumentaire de cette idée. Les révolutions technologiques récurrentes ne sont pas restées isolées de l'idée d'école démocratique publique (fondée en France sur la conviction révolutionnaire selon laquelle l'école est un lieu de nivellement social ou d'égalité entre citoyens), ni des libertés (bourgeoises et révolutionnaires), ni du libéralisme économique, etc. Tout s'est passé dans les expériences occidentales de modernisation comme si les ambitions scientifiques, technologiques ou intellectuelles, en général, se sont enveloppées dans des régimes politiques résolument conséquents et ouverts, de tout point de vue.

En Afrique, le choix social de la production intellectuelle, la reconnaissance et le renforcement de sa place, comme non dérogatoire, supposent que l'Etat lui-même, dans sa forme institutionnelle et ses choix ne contribue pas à la déconstruction de l'affirmation de l'intelligence. L'inconséquence aujourd'hui en Afrique est que la proclamation de la foi en la science et au développement technologique chemine avec des politiques d'ajustement déconstructrices de l'école, de la formation supérieure, de la recherche. Le choix des sciences et technologies doit être le choix de l'école, de la formation supérieure de masse, de la mobilisation des ressources pour l'infrastructure des sciences et technologies.

Le choix de l'école de masse (école démocratique), de l'entreprise, des libertés demeure la caractéristique des régimes politiques démocratiques ouverts. C'est pourquoi la promotion institutionnelle et structurelle des sciences et technologies modernes et contemporaines se réduit au renforcement des libertés intellectuelles, attribut des régimes politiques démocratiques.

Se comprend pourquoi la conscience africaine doit se représenter le régime des libertés intellectuelles comme incarnation particulière de réformes politiques nationales ouvertes, c'est-à-dire démocratiques. Les initiatives régionales et continentales, en faveur des sciences et technologies, ne peuvent se passer de l'exigence de politiques nationales de liberté auxquelles la prospérité intellectuelle a ailleurs montré qu'elle reste attachée. Les nations africaines ont besoin, pour promouvoir les savoirs et savoir-faire, d'être sous la conduite de régimes politiques, en eux-mêmes, c'est-à-dire, structurellement ou institutionnellement, producteurs et reproducteurs des libertés de conscience dont les libertés intellectuelles.

C'est dire que les politiques gouvernementales africaines, les plus rationnelles et les plus aptes à accompagner les structures de la production des savoirs et savoir-faire, seront celles qui restent sensibles au régime des libertés.

La thèse de la politique rationnelle des savoirs et savoir-faire, comme émanation des politiques ouvertes ou régimes de libertés, peut soulever des objections évidentes, mais surmontables. Au total, il paraît juste qu'on se demande comment se fait-il que, sans régime politique démocratique, des pays comme l'ex-URSS, la Chine communiste, ont pu s'affirmer comme puissances scientifiques et technologiques. Mieux, comment ces régimes considérés et étiquetés comme prédateurs de libertés, contrôleurs de conscience, «ennemis de la société ouverte», ont-ils pu se donner des structures de production intellectuelle dont on connaît les résultats? Doit-on expliquer, de manière restrictive, les progrès scientifico-technologiques de l'URSS et de la Chine, comme choix exceptionnel par les «ennemis de la société ouverte» de régimes des libertés intellectuelles? Les choses ne sont pas aussi simples que le laisserait penser une réponse affirmative. L'option pour un régime politique favorable aux libertés intellectuelles, avons-nous dit, n'est pas une simple profession de foi en la science. Cette option se réalise comme choix social «structurant» de l'exercice de la fonction intellectuelle. La Chine et les Etats soviétiques sont de vieilles nations qui ont intériorisé ou endogénéisé leur ouverture structurelle aux savoirs et savoir-faire. L'existence, dans ces nations, de structures intellectuelles comme catégories sociales, qui se reproduisent par la scolarisation formelle, est aussi vieille qu'elles le sont en Occident. Le pouvoir socialiste soviétique et la révolution maoïste ont renforcé cette catégorie sociale par une politique publique éducative dont l'ambition est l'école pour tous. La place consciente des sciences et technologies dans la révolution justifie l'importance du tribut public payé pour l'éducation du «peuple». D'un autre côté, la structure économique, sur laquelle s'est greffée la «science militante» chinoise, ne s'est pas réduite au collectivisme. On sait que depuis 1975, les réformes initiées par Deng Xiaoping[268] ont introduit la libéralisation des prix, la décentralisation. Il faut ajouter que le collectivisme, tel qu'il a été pratiqué, est plutôt un «capitalisme d'Etat». On peut dire par ailleurs que les politiques soviétique et chinoise de structuration et contrôle de la «science militante» ont également leur correspondance aux USA (NASA...). On doit dire que les démocraties populaires soviétique et chinoise, souvent qualifiées de régimes forts, sont, structurellement aptes à la production intellectuelle que ne le sont les despotismes obscurs d'Afrique, objectivement ennemis de l'affirmation de l'intelligence.

En précisant que les expériences soviétique et chinoise ne permettent de valider la possibilité d'un greffe des libertés intellectuelles sur des régimes despotiques obscurs, nous avons voulu souligner qu'un des prix non facultatifs que les Etats africains doivent payer pour le développement des sciences et technologies, c'est l'option concrète de leur propre modernisation. Au total, la reconnaissance dcs libertés intellectuelles n'est pas réductible à la satisfaction circonstancielle des cahiers de charge de syndicalistes. Les libertés intellectuelles sont générées plus profondément par les ambitions de progrès de la société et de l'Etat.

On peut comprendre aussi pourquoi le choix des sciences et la promotion de l'intelligence ou des libertés intellectuelles doivent se concrétiser par ailleurs en tant qu'affirmation d'ambitions productives, dont le soubassement devrait être, objectivement, des politiques économiques publiques volontaristes.

268 J.-J. Salomon et A. Lebeau, *L'écrivain public et l'ordinateur*, Paris, Hachette, 1988, p. 203.

3. De la mise en valeur d'offres intellectuelles

Nous introduisons ici la notion de mise en valeur d'offres intellectuelles, en raison de sa compréhension et de son extension, plus amples ou larges que celles de transfert de technologie, expression plus courante.

En effet, les rôles variés, que jouent les activités intellectuelles (ou de recherche) dans les mécanismes sociaux de production des biens et services, ne se réduisent pas aux offres technologiques, au sens restreint. Les services divers, que les travailleurs intellectuels offrent à la dynamique productive contemporaine, comportent, outre l'innovation technologique, l'information (savoir sur la nature, les milieux, leurs hommes et leurs cultures…), la qualité des ressources humaines employées, les études et avis d'expertise, etc. Cette préférence ponctuelle pour la notion de mise en valeur d'offres intellectuelles, est soucieuse d'une précaution, celle qui se donne une configuration plus ouverte du trésor, que devrait être pour la reproduction de la société et les ambitions de production, la recherche dans tous ses domaines (sciences expérimentales et ingénierie, sciences de santé, sciences agro-pastorales, sciences sociales, art, culture…). Dit autrement, les performances des économies avancées ne peuvent se passer de leur dette, non seulement envers la recherche appliquée, mais également envers la connaissance fondamentale de la nature, des milieux sociaux, la culture, les arts.

Cette mise au point notionnelle étant considérée, l'on peut explorer les arguments qui valident l'hypothèse selon laquelle la valorisation économique de la recherche et des offres intellectuelles, en général, doit s'entendre, dans les Etats africains, comme politique publique, favorable à l'efficience des mécanismes sociaux de la production des biens et services.

Un premier argument de cette hypothèse peut être fourni par la considération selon laquelle une politique de mise à profit de la formation et la recherche agro-pastorales n'est réaliste et réalisable que lorsqu'elle se consolide comme attribut d'un plan (national et/ou inter-Etat) résolu à perfectionner l'économie agricole et pastorale. Il est vrai qu'en Afrique les plans (nationaux, régionaux, continentaux) de développement ont fait de l'agriculture et de l'élevage des secteurs prioritaires.

Le Plan d'Action de Lagos, le *Nouveau Partenariat pour le Développement de l'Afrique*, portent les marques de la place théorique de choix que les politiques africaines accordent à l'agriculture. L'alimentation et l'agriculture occupent le tout premier chapitre du *Plan d'Action de Lagos*. Le NEPAD y est revenu comme une de ses «priorités sectorielles».

Ces divers plans africains de développement n'ont pas, non plus, perdu de vue la place des recherches sur le sol, l'environnement, la santé et l'amélioration des espèces animales et végétales, le stockage, le traitement des produits agro-pastoraux.[269] Il reste que l'on doit mettre plus en évidence ce qui peut concrètement fonder et entretenir l'interface recherche/économie agro-pastorale.

En effet, les connaissances sur le climat, le sol, les épizooties, les résultats sur l'amélioration des espèces animales et végétales, la disponibilité des compétences humaines appropriées... ne sont mis à profit que lorsque les mécanismes sociaux de la production agricole et pastorale sont aptes à les accueillir.

On sait, par exemple, que des services publics et privés de vulgarisation dans certains milieux ruraux africains ont échoué pour cause d'incapacité des paysans et éleveurs à supporter le coût des intrants agricoles, de la mécanisation, des soins vétérinaires et phytolactiques. On sait aussi qu'une incohérente politique des prix des produits agricoles et pastoraux expose agriculteurs et éleveurs à des difficultés d'extension de la production et d'amélioration du rendement. Ces exemples n'épuisent pas les raisons qui rendent compte du déficit d'exploitation maximale des résultats de la recherche agro-pastorale dans certains milieux ruraux africains. Ces exemples ont seulement l'avantage de montrer comment, en pratique, la réalisation d'un plan de valorisation des résultats de la formation et de la recherche agronomique et animale, doit reposer sur une politique publique qui rend efficients et performants les mécanismes endogènes de l'économie rurale. Car le transfert ou la valorisation de la recherche (dans le domaine agro-pastoral) se réduit en fait, ainsi que l'a compris le *Plan d'Action de Lagos*[270], à «la promotion de pratiques agricoles améliorées», la «meilleure utilisation de l'eau pour la culture (...), irrigation», «la conservation des sols et des eaux», «la lutte contre les

269 Cf. *Le Plan d'Action de Lagos*, Genève, Institut International d'Etudes Sociales, 1982. Voir notamment le chapitre premier.

270 *Plan d'Action de Lagos,* Genève, Institut International d'Etudes Sociales, 1982. Pour les citations, *cf.* p. 34 et ss.

inondations et le drainage», «l'intensification de l'utilisation des meilleurs outils manuels et de meilleurs animaux de trait», «la promotion de l'agriculture mécanisée», l'«amélioration des services de laboratoires et des systèmes de surveillance des maladies animales», etc. La valorisation de la recherche et de la formation, qu'offrent les facultés et les instituts vétérinaires et d'agronomie doit se concrétiser donc comme programme de «modification des structures technico-économiques de la production» agro-pastorale. Ce programme, pour son efficience, fait obligation aux politiques économiques de:

- Accélérer le passage de l'économie rurale de subsistance à une tradition d'entreprises agricoles et pastorales. Cela induit la transformation de la catégorie des paysans en classe de producteurs et d'investisseurs agro-pastoraux. Cela requiert une politique des prix ou de marché, incitatrice à l'investissement. La mise à profit de la recherche est impérative pour les entreprises agricoles et pastorales de grande taille, en quête de profit, qu'elle ne l'est pour les productions rudimentaires paysannes.
- Rendre disponibles les capitaux d'appui à la production rurale. Le NEPAD considère que cela consiste à «améliorer les mécanismes de crédit et de financement agricole ainsi que l'accès au crédit des petits exploitants et des agricultrices[271]». Il s'agit de l'obligation à initier des politiques publiques de mise en valeur économique des zones rurales, laquelle s'interdit leur marginalisation habituelle du flux des capitaux. En tout cas, les entreprises rurales ne peuvent nourrir des ambitions, si elles sont incapables de supporter le coût d'achat des technologies et des services qualifiés et appropriés.
- Se doter de réformes nationales foncières ou agraires plus adaptées à l'esprit d'entreprises rurales, géantes et rentables. Ces réformes agraires sont des assurances juridiques d'appui à la modernisation des entreprises rurales.

Bref, les programmes africains de valorisation des offres agronomiques et vétérinaires doivent se résoudre en de politiques économiques publiques de démarginalisation des entreprises rurales.

Un deuxième argument, qui peut contribuer à valider l'hypothèse ici considérée, est que la valorisation économique des recherches nationales,

271 *Nouveau Partenariat pour le Développement de l'Afrique*, Octobre 2001, p. 44.

émergentes en Afrique, doit aller de pair avec une politique d'industrialisation autocentrée et volontariste.

En effet, l'histoire des sociétés occidentales a montré que l'importance qu'a acquise la technologie, ainsi que son expansion, dans le monde moderne et contemporain, sont en partie indissociables de l'essor de l'industrie ou de l'entreprise industrielle.

En Afrique, les politiques de développement ne doivent pas perdre de vue le fait que l'industriel soit devenu l'un des plus gros consommateurs des savoirs et savoir-faire. Mais si l'on persiste dans la réduction de l'industrialisation de l'Afrique au transfert des unités délocalisées de production des économies puissantes, la recherche africaine ne peut remplir son rôle d'avant-garde dans le développement industriel. L'industrialisation de nouveaux pays comme le Brésil, le Singapour... a pu montrer que la délocalisation des unités de production des grandes firmes capitalistes vers le Sud, le «commerce des brevets, licences, marques commerciales, d'équipements, de services conseils...[272]», ruinent «les concurrents locaux[273]», mettent «en cause les plans économiques[274]», des producteurs nationaux, et privent par conséquent les recherches locales de leur ethos économique immédiat. L'on peut comprendre que les plans économiques africains ne peuvent entretenir l'interface industrie/recherche qu'en étant des mécanismes sociaux, en eux-mêmes, générateurs endogènes des structures industrielles.

C'est dire qu'un plan politique de recherche d'avant-garde pour l'industrie doit être la traduction concrète de mécanismes sociaux, consommateurs du savoir.

Il faut des mécanismes nationaux ou inter-Etats qui génèrent, de leur sein, de véritables classes ou réseaux d'entrepreneurs. La capacité consommatrice de savoirs et savoir-faire, des unités de production, est en un sens, relative aux ambitions des hommes et des femmes qui discutent le monopole des réseaux sociaux des biens et services. La recherche africaine peut jouer des rôles économiques majeurs si les mécanismes sociaux de développement, eux-mêmes, enfantent d'ambitieux producteurs de biens et services. Le renforcement de la classe des réseaux

272 N. Volkov et R. Zimenkov, *op. cit.*, pp. 39 et 41.

273 *Idem.*

274 *Ibidem.*

d'entrepreneurs est une extension des capacités sociales de valorisation de la recherche de pointe.

Il faut des mécanismes nationaux ou inter-Etats de domestication des capitaux. La fuite des capitaux, en Afrique, entretient la fuite des cerveaux. Les pôles attractifs, que constituent les puissances économiques pour les chercheurs crédibilisent l'hypothèse selon laquelle l'arrêt de la fuite des capitaux, de l'Afrique vers le Nord, peut inverser significativement la fuite des cerveaux car c'est en se dotant de grandes capacités financières que les firmes arrivent à s'inscrire dans la logique constamment innovante, qui fait des réseaux sociaux de recherche, leurs partenaires ou alliés inconditionnels.

Il faut des mécanismes juridiques nationaux ou inter-Etats, incitateurs de la production industrielle. Il s'agit de considérer l'assurance ou la garantie que constituent, pour les opérateurs économiques, la sûreté politique, les mesures fiscales, l'accès aux capitaux, les politiques de prix et de marché, etc. On peut dire, en un autre sens, que l'*ethos* économique incitateur de la production et des affaires, renforce les capacités des nations à être consommatrices de savoirs et savoir-faire.

Disons, en bref, que la place d'avant-garde de la recherche, dans les nations africaines, va se consolider dans une certaine mesure, par des politiques économiques (gouvernementales, régionales) dont la rationalité est d'être résolument génératrice de mécanismes auto-centrés d'industrialisation.

Un troisième et dernier argument: les politiques africaines de valorisation des savoirs et savoir-faire nationaux devront leur volontarisme et leur efficience, par ailleurs, à des lois de propriété intellectuelle/industrielle qui rendent la production africaine plus redevable à son environnement scientifique et technologique immédiat.

Il faut peut-être le répéter, la réalité actuelle est que les cadres légaux qui réglementent la propriété intellectuelle/industrielle dans les nations africaines sont fortement influencés par les instruments juridiques d'accompagnement de l'économie et des savoirs dominants du Nord. Les espaces nationaux que couvre l'Organisation Africaine de la Propriété Intellectuelle (OAPI) sont plutôt dominés par des instruments multilatéraux[275]: la Convention instituant l'Organisation Mondiale de la

275 *Cf. Catalogue du Deuxième salon africain de l'Invention et de l'Innovation technologique*, Lomé, Décembre 2000.

Propriété Intellectuelle, la Convention de Paris pour la Protection de la Propriété Industrielle, l'Arrangement de Lisbonne Concernant des Appellations d'Origine et leur Enregistrement International, etc. Dans la mesure où ces instruments multilatéraux reproduisent la puissance dominatrice des économies du Nord, ils ne peuvent objectivement consolider au plan national, ni l'inventivité, ni la logique innovante des réseaux de savoirs et savoir-faire, ni les performances économiques locales. Les mécanismes nationaux africains de propriété intellectuelle/industrielle ne peuvent être revendiqués comme politiques efficientes de valorisation des recherches nationales s'ils ne remplissent qu'en réalité la seule fonction de cache-sexe pour le système économique dominant.

Les politiques africaines de la recherche ne doivent pas perdre de vue que les mécanismes réglementaires de la propriété intellectuelle évoluent avec les modes de production des biens et services. C'est en raison de cela que les lois africaines sur la propriété intellectuelle n'auront d'efficience qu'en reproduisant des volontés politiques nationales d'amélioration de la production économique. Il s'ensuit que les structures nationales de la propriété intellectuelle doivent être politiquement instituées pour être des cadres de contact permanent entre les réseaux de production et les milieux de la recherche.

Concrètement les structures nationales de la propriété intellectuelle doivent:

- Créer et rendre permanente la communication entre les opérateurs économiques et les réseaux de recherche. Il s'agit de permettre aux chercheurs et investisseurs de découvrir qu'ils partagent une même communauté de destin, celle d'une dette réciproque de la productivité économique envers l'intelligence.
- Susciter, coordonner et entretenir l'ouverture des réseaux de recherche sur les intérêts immédiats de leur propre environnement. On sait que la recherche, devenue coûteuse, n'arrive plus à isoler ses propres priorités épistémiques des priorités du monde dont elle tire ses ressources d'appui ou sa légitimité. Il s'agit de faire en sorte que les priorités de la recherche émergente africaine interpellent les intérêts économiques.
- Dynamiser la dette constante des intérêts économiques vis-à-vis de leur recherche immédiate d'avant-garde. Cette dette ne peut être entretenue que par les performances des réseaux économiques locaux.

Se résoudre donc à valoriser la recherche émergente africaine reviendrait également à instituer politiquement des mécanismes (juridiques et structurels) de propriété intellectuelle/industrielle, qui consolident et reproduisent l'interaction entre une économie auto-centrée et sa recherche d'avant-garde.

Au bout du compte, l'impératif contemporain de politique publique en faveur de la recherche fonde sa réalité et sa réalisation sur les ambitions de progrès ouvert des nations et de modernisation de l'économie. La politique réaliste et volontariste des sciences ou de la recherche, à laquelle cela correspond, ne peut se passer de l'élucidation constante de ses propres référentiels idéologiques, de sa mémoire et de son horizon. Pour cela, les politiques africaines de la recherche ne peuvent prospérer en marge de véritables volontés de reconnaissance du statut socio-historique des sciences de l'homme et de société.

Chapitre 11

Sciences de l'homme et politiques autoréférentiées de la recherche

Les ambitions africaines de développement scientifique et technologique ne peuvent pas constituer, pour les politiques d'Etat, des projets autonomes, si elles ne reposent pas sur une conscience claire des raisons d'où elles tirent leur légitimité et qui assurent leur durabilité. Ce qui sert de repère, dans la durée, aux politiques de recherche, ce n'est pas seulement les choix économiques, les mesures juridiques structurelles souveraines, mais aussi les idées qui rendent compte du présent et du futur. A ce titre, l'exigence africaine de politiques nationales autonomes de la recherche ne peut se passer de l'obligation de développer les sciences de l'homme et de société. La nécessité, pour des nations émergentes, de reconnaître le statut social et historique des sciences de l'homme et de société, réside dans le rôle de lumières que les idées jouent pour les sociétés et surtout pour celles qui sont en pleine mutation. On peut dire alors en un sens, que la place des idées (utopies concrètes), dans l'autoréférentiation des politiques africaines de recherche, est assumée par la médiation des sciences littéraires, sociales, humaines.

On peut dire, en un autre sens, que les ambitions africaines de conquête des sciences et technologies doivent également trouver leur autonomie ou leur ancrage dans leur propre mémoire (repères rétrospectifs) et horizon (repères prospectifs) par la médiation des sciences qui ont pour objets d'étude les expériences sociales et humaines.

1. Idées: référentiels des politiques scientifiques et technologiques

Maine de Biran écrivait:

> L'idéologie plane, pour ainsi dire, sur toutes les sciences, car les sciences ne se composent que de nos idées et de leurs rapports. Ces idées forment comme un pays immense et infiniment varié, partagé en une multitude de districts, coupé par un plus grand nombre de routes de communication [...] Mais toutes ces routes ont une origine, la plupart même partent d'un point commun pour diverger ensuite; c'est cette origine, ces points communs, ordinairement ignorés des voyageurs, que l'idéologiste se charge principalement de leur apprendre[276].

Il va de soi que l'usage du terme idéologie n'a pas, chez Maine de Biran, la connotation négative de «fausse conscience», de «réalité la tête en bas», de «fleurs imaginaires» que Marx et Engels ont reprochée à l'idéalisme allemand, au matérialisme de Feuerbach[277], aux pratiques religieuses. Les idéologies restent, malgré tout, les concepts, les sphères métasociales d'où les sociétés, leurs projets s'auto-génèrent profondément. Il nous semble que, dans ce sens, l'idéologie, dont Maine de Biran dit que les sciences se composent, n'est entendue que comme idée. Ce qui doit être souligné est alors la thèse selon laquelle les vérités scientifiques, dans leurs cloisonnements spécialitaires, peuvent être surdéterminées, dans une conjoncture donnée, par une unité psychologique collective, consciente ou inconsciente. La contemporanéité permet de dire qu'en plus de leur rôle dans la réalisation de l'unité psychologique collective des spécialités ou vérités scientifiques parcellaires, les idées ou idéologies surdéterminent ou légitiment profondément les orientations des politiques et programmes de recherche. La suprématie, sans cesse affirmée dans les nations dites avancées, et à l'ère de l'ultralibéralisme économique, des politiques scientifiques étatiques, sur les vastes entreprises privées de recherche, récuse, à n'en point douter, la prétendue neutralité idéologique des batailles scientifico-technologiques de notre temps. Ces batailles ont suffisamment montré que les intérêts écono-

276 Maine de Biran, *Rapports de l'idéologie et des mathématiques*, Œuvres, III, 13-14.
277 Question qui a bénéficié d'amples développements dans le premier chapitre de cette 3ème partie.

miques qu'elles défendent n'occultent nullement les choix psycho-sociaux, méta-structurels qui les surdéterminent.

Il se conçoit alors que la valeur relative des politiques de la recherche fait des idées ou visions sociales des référentiels d'où les programmes scientifiques tirent leurs ultimes justifications pragmatiques.

Considérer les idées comme des visions unifiées de la société dans le temps permet de comprendre l'inconsistance et l'illégitimité des politiques scientifiques nationales qui se réduisent largement, dans beaucoup de pays africains, aux programmes circonstanciels d'appui à la recherche qu'offrent les accords bilatéraux ou multilatéraux d'aide au développement. Si ce qui tient lieu de politique nationale de recherche, dans beaucoup de pays africains, n'est que, pour l'essentiel, les grands axes de ce que la coopération offre en la matière, il va de soi que l'horizon de la renaissance scientifique africaine repose sur des choix, des «références» et «préférences» extravertis. L'extraversion d'une politique de la recherche peut s'entendre également commc sa justification dans l'extériorité de la position historique de la société qui en a fait la sienne. L'aide à la «science des pauvres» a ses propres choix, ses axes prioritaires, ses critères, ses horizons qui surpassent les marges de liberté des nations ou Etats bénéficiaires.

C'est à juste titre que l'alternative théorique d'un développement scientifique «endogène» ou «autocentré» commande qu'on examine, ainsi que le dit Paulin J. Hountondji:

> les modalités du choix des sujets de recherche, les besoins sociaux et autres exigences pratiques dont procèdent, directement ou indirectement, les sujets ainsi choisis, le lieu géographique où ces besoins et exigences se sont imposés. La destination réelle des résultats de recherche, le lieu où, et la manière dont ils sont consignés, gardés, capitalisés, la manière dont ils sont, le cas échéant, appliqués, les liens complexes entre cette recherche et l'industrie, cette recherche et l'activité économique en général – en posant, à chaque fois la question: à quoi sert cette recherche? A qui profite-t-elle? [...][278].

L'on comprend ici qu'une politique des sciences doit se formuler et se soumettre constamment à son propre interrogatoire pragmatique. Cet

278 P. Hountondji, *Les savoirs endogènes, piste pour une recherche*, Dakar, Codesria, 1994, p. 1.

interrogatoire, on peut s'en rendre compte, a la particularité de mettre le sujet qui le formule pour soi, dans une position privilégiée, centrale.

En d'autres termes, l'alternative d'un développement endogène, en général et, en particulier d'un développement scientifique autocentré, repose, selon les mots de Mamoussé Diagne, sur «l'auto-position d'un sujet créateur, pas seulement bénéficiaire[279]». L'auto-position du sujet se traduit par l'interrogatoire pragmatique, i.e. les «questions: par qui? pour qui? comment? et en vue de quoi?[280]». L'impératif de l'auto-position du sujet-créateur dans la société transforme donc celle-ci en projet constamment référé aux raisons d'être du sujet, à ses propres préférences, à ses propres goûts tels qu'ils sont rendus par ses propres idées, entendues comme utopies concrètes et ouvertes. Les idées créatrices d'avenir, que génère l'étude scientifique des réalités sociales et des expériences humaines, sont plus des utopies concrètes que des rêves. Emanant de l'appréciation scientifique des faits sociaux et humains, elles sont naturellement ouvertes parce que révisables. L'impératif de l'auto-position du sujet créateur dans le projet de développement scientifique et technologique en Afrique, traduit donc l'importance de la dette des politiques nationales de recherche envers les idées, en tant qu'utopies concrètes ou «vision [à plus ou moins] long terme de la réalité[281]» en ceci que les idées, en recollant la société à ses propres raisons d'être pragmatiques, à sa mémoire et à son horizon, rendent les projets de celle-ci constamment transparents et cohérents. L'Histoire n'est pas complètement un projet aveugle. Ses sens restent marqués par des volontés, des intérêts, des idéaux, qu'il est socialement utile d'élucider constamment.

La fonction des idées, dans l'évolution de la société en tant que projet, doit conférer, dans un contexte de quête de développement, un statut privilégié à la création des «produits idéologico-culturels[282]». Se conçoit le point de vue selon lequel le développement des arts, des lettres, des sciences humaines sociales..., de la philosophie, est de nature à fournir aux politiques scientifico-technologiques africaines les référentiels con-

279 M. Diagne, «Contribution à une critique du principe des paradigmes dominants», in J. Ki-Zerbo, *La natte des autres: pour un développement endogène en Afrique*, Dakar, Codesria, 1992, p. 110.

280 M. Diagne, *op. cit.*, p. 111.

281 S.B. Diagne, *La culture du développement*, Dakar, Codesria, 1991, p. 1.

282 M. Löwy, *Pour une sociologie des intellectuels révolutionnaires*, Paris, P.U.F., 1976, p. 17.

ceptuels et idéels dont le déficit continue de les rendre particulièrement «extraverties», versatiles, inauthentiques, opaques.

Principales sciences créatrices d'idées, la philosophie, la littérature, l'histoire, l'anthropologie, la sociologie, la psychologie... ont fait la preuve qu'elles sont capables d'assumer, pour les grandes mutations sociales, historiques, des rôles de repères. Point n'est besoin de s'étaler, pour des besoins d'illustration, sur le rôle majeur de la philosophie cartésienne et des pères de la modernité dans l'éclairage des horizons du développement scientifique et technologique occidentale[283].

Les mutations bouleversantes, que traversent les nations africaines ne peuvent se passer des idées et des rêves que la littérature, la philosophie, les sciences sociales..., leur fixent comme horizon. L'on voit là que les sciences créatrices d'idées peuvent remplir, pour les ambitions politiques africaines de progrès des sciences et technologies, la même fonction qu'avaient remplie, dans le contexte des «Lumières» européennes, la position cartésienne qui considère que, par les sciences, les hommes deviendront «comme maîtres et possesseurs de la nature», les thèses d'Ernest Renan (qui reposent l'avenir de la science sur le soutien public), les théories révolutionnaires (en faveur de l'école démocratique).

Il peut se concevoir, à partir de là, la médiation des sciences littéraires, sociales, anthropologiques, philosophiques, dans la nécessité d'ancrer les sciences et technologies dans la mémoire et l'horizon du projet qui les porte.

2. La médiation des sciences de l'homme dans une politique autocentrée de la recherche

Nous tentons de mesurer les positions médiatrices, pragmatiques que peuvent occuper, dans le projet africain de développement des sciences et technologies, la promotion des arts, des études littéraires, sociologiques, économiques, anthropologiques... philosophiques. Une telle position médiatrice découle de la nécessité pragmatique de référer cons-

283 La question a bénéficié d'un ample développement dans la deuxième partie.

tamment les sciences, les technologies, la recherche et leurs politiques d'accompagnement, à leurs propres mémoires et horizons. Tenir compte des expériences passées et d'ailleurs, des réalités présentes, avoir une conscience claire des horizons que l'on se fixe, voilà des dettes qu'une politique conséquente de recherche doit à la floraison des arts, des études littéraires, sociales, anthropologiques… à la philosophie.

2.1 Mettre à la disposition des politiques scientifiques et technologiques les expériences passées et d'ailleurs

Le rôle social que jouent, dans les nations contemporaines, les artistes, les littéraires, les spécialistes des sciences de l'homme et de la société est analogue à celui qu'offraient les scribes et les griots dans les sociétés anciennes et traditionnelles.

Chez les Hébreux, les scribes sont les Rabbins. Issus de la classe sacerdotale, docteurs de la loi (*Thora*), maîtres d'école, les scribes et les pharisiens étaient des références pour la société. C'est à eux qu'on se référait pour être fixé sur les conduites à tenir, sur ce que la *Thora* et les prophètes ont dit. C'est eux qui étaient en mesure de dire l'histoire du peuple, son devenir et ses rapports avec d'autres communautés. En Egypte antique, les scribes furent les intellectuels qui écrivaient les textes sacrés, l'histoire, les textes officiels. Les griots dans les sociétés traditionnelles savaient rendre compte des origines du groupe communautaire, ses légendes et mythes fondateurs, son identité. Les griots savaient également rendre compte des expériences des autres pour permettre à la communauté d'en tirer des leçons.

L'analogie, ici revendiquée pour son intérêt épistémologique, vient de ce que les études littéraires, anthropologiques, sociologiques, philosophiques permettent, en un sens, de ramener à la mémoire collective les expériences et leçons du passé. Il s'agit de ramener, à la conscience collective, les expériences sociales historiques pour leur valeur édificatrice dans les choix du présent et de l'avenir.

Dans cette logique, il apparaît que les discours et programmes africains, qui ambitionnent la renaissance scientifique et technologique, doivent garder en mémoire les formes politiques, les modèles économiques et sociaux qui ont été plus ou moins favorables à d'analogues ambitions. Il s'agit de référer pragmatiquement (pour en tirer des leçons) les ambitions légitimes de progrès scientifiques et technologiques à l'histoire de la société (modèles politiques, économiques, organisationnels).

Dans cette entreprise, l'on peut s'accorder sur la capacité de l'histoire des idées, des régimes politiques, des modes économiques, des modes culturels d'éviter aux politiques scientifiques et technologiques l'éternel retour des mêmes erreurs. L'histoire devrait permettre en Afrique que le retour du même soit plus constructeur que destructeur. Il est évident que le retour du même n'est destructeur ou dramatique que lorsque la conscience du présent et du futur ne l'a pas en mémoire. Disons-le concrètement avec un exemple actuel: il pourra être probablement plus destructeur que constructeur, pour le Nouveau Partenariat pour le Développement de l'Afrique, le choix de passer sous silence le contenu du programme scientifico-technologique du *Plan d'Action de Lagos*, ses réalités et ses illusions. Bien sûr le NEPAD, un programme libéral, diffère, en gros, du *Plan d'Action de Lagos* qui repose l'initiative du développement sur l'Etat. Mais les réalités et les exigences normatives et structurelles que le *Plan d'Action de Lagos*, à partir des leçons de la conférence de Vienne de 1979, a retenues comme préalables à tout développement des sciences et technologies, ne peuvent être, dans la situation actuelle, contournées. On peut observer que les «priorités sectorielles» B_2[284] et B_6[285] du NEPAD auraient pu trouver leur réalité dans l'invitation que le *Plan d'Action de Lagos*[286] fait à tout pays africain de se donner à titre de programme, la promotion de «base nationale» pour la science et la technologie: infrastructure, école, ressources humaines, politique, dispositifs économiques, «mobilisation de fonds pour la science et la technologie, etc.».

On peut ainsi retenir que les ambitions technologiques du NEPAD auraient pu tirer avantage d'un rappel historique et critique du *Plan d'Action de Lagos*. C'est là donc l'illustration d'un aspect de l'obligation pour les politiques scientifiques et technologiques africaines de rester

284 B_2: «Mise en valeur des ressources humaines (y compris l'inversion de la tendance à la fuite des cerveaux)».

285 B_6: «Tribune sur la science et la Technologie».

286 Nous faisons allusion aux sept (7) axes, intimement liés, que constitue le programme «science et technologie» du *Plan d'Action de Lagos*, chapitre V, pp. 69-101.

attentives, par la médiation critique des sciences de l'homme et de la société, à leurs propres mémoires.

Un second aspect de cette position s'apprécie par la capacité des sciences littéraires, sociales et anthropologiques à rendre disponible l'information sur les expériences de développement scientifico-technologique d'ailleurs. En matière de développement scientifique et technologique, il est connu que les nations n'ont pas les mêmes «trajectoires», mais il ne demeure pas moins réel que les expériences particulières d'ailleurs ont valeur de leçon pour ce qui peut se faire chez soi et ce qui doit être évité. Le besoin d'auto-centrer les politiques scientifiques et technologiques n'est nullement en contradiction avec l'impératif d'ouverture ou l'impératif d'avoir à l'esprit les expériences d'ailleurs. Les sciences et les technologies doivent beaucoup à leurs contextes d'émergence, mais elles ne sont pas des aventures closes. Gros consommateurs de technologies qu'ils ne produisent pas eux-mêmes, les pays africains sont mieux placés pour savoir que les particularismes scientifico-technologiques restent par ailleurs ouverts. Néanmoins les réalités qui ont légitimé la notion de «technologie appropriée» justifient plutôt une information critique sur les expériences d'ailleurs. Cette appréciation comparée, critique des informations sur les expériences scientifico-technologiques d'ailleurs ne peut marginaliser l'apport des sciences littéraires, sociales et anthropologiques. Car les technologies ne sont pas seulement des prouesses techniques, leurs valeurs dépendent également des enjeux contextuels (économiques, sociaux, politiques, culturels).

2.2 Permettre de lire dans les mutations en cours l'horizon des sciences

Il existe pour une société une énième manière de se tromper de choix conséquent. Celle-là réside dans l'incapacité de la société elle-même à lire l'horizon de son devenir dans les mutations qui caractérisent son présent. Les choix, qu'une société se donne en parfaite méconnaissance du projet qu'annoncent les mutations présentes, sont analogues aux inconstantes et inconsistantes directions de la girouette. Les programmes de science et technologie peuvent ainsi souffrir de déficit d'horizon et de cohérence dans la durée lorsque leurs politiques d'accompagnement se passent de l'intelligence prospective des réalités et mutations qui caractérisent le présent. Il en est ainsi des politiques nationales des sciences et technologies qui se réduisent, pour l'essentiel, aux grands axes des accords d'aide aux pays pauvres. Ces politiques reflètent très peu les dynamiques endogènes des communautés bénéficiaires, et encore moins les perspectives d'avenir (que celles-ci peuvent laisser) et les choix prévisionnels conséquents. En matière d'aide à «la science des pauvres», la liberté des choix thématiques et des programmes, accordée aux pays et communautés scientifiques bénéficiaires, n'échappe pas au déterminisme des domaines prioritaires et des conditionnalités des politiques de coopération. A titre d'exemple, on sait que «les libertés» des pays bénéficiaires de l'aide à «la science des pauvres» ne peuvent s'étendre au-delà du déterminisme des programmes d'ajustement structurel. On voit donc que les politiques dominantes des sciences et technologies, dans beaucoup de nations africaines, ou ce qui en tient lieu, ont du mal à incarner les projections authentiques que les sociétés elles-mêmes devraient s'offrir à partir de la lecture de leur propre histoire. Se comprend ainsi pourquoi les politiques scientifiques et technologiques qui ne comptent que sur «la natte des autres» ne reposent aucunement sur des projets d'avenir auxquels elles doivent, dans une certaine mesure, leur dynamique autogène.

La renaissance scientifique et technologique, que les nations postcoloniales d'Afrique postulent comme co-naturelle à leur engagement dans le projet de modernité, ne peut se passer de la projection de son devenir à partir de l'intelligence du présent. La première portée de cette exigence est la suivante: les ambitions scientifiques et technologiques que caressent, au moins, les nations émergentes, ne sont viables dans la durée qu'ancrées dans les mutations sociales multiformes présentes (mutations politiques, économiques, culturelles) et leurs projets. C'est peut-être la meilleure signification que peut prendre la notion de «science et technologie appropriées». Car on ne peut parler de «science et technologie appropriées» qu'en raison de leur cohérence avec les réalités présentes à partir desquelles on peut apprécier les sens et les directions de l'avenir.

La deuxième portée de l'exigence dont nous parlons est la suivante: lier l'horizon des sciences et technologies aux mutations sociales présentes, c'est convier les décideurs sociaux à des responsabilités. Il s'agit pour les décideurs sociaux, en toute lucidité, de comprendre que l'horizon qu'on fixe aux sciences et technologies impose que l'on active et conforte des dispositifs structurels appropriés, matériels adéquats, en germe dans le présent. Par exemple, les politiques africaines ne peuvent rêver de la «big science», des «high tech» ou «higher tech» si elles évitent d'être volontaristes dans la promotion de la formation scolaire et universitaire (au double plan quantitatif et qualitatif). Plus précisément le choix politique de la formation scolaire, universitaire et technique, de masse ne devrait être compromis par des programmes d'ajustement structurel, si les ambitions de développement des sciences, des technologies, de l'économie demeurent impératives pour les nations africaines.

Bref, la renaissance scientifique et technologique dont rêvent les nations africaines postcoloniales doit, dans une certaine mesure, sa cohérence et sa constance, aux perspectives d'avenir dont le présent et ses transformations détiennent le secret. Les sciences littéraires, sociales, anthropologiques occupent également, dans cette relation entre le devenir des sciences, des technologies et les mutations sociales du présent, une position médiatrice.

Cette position médiatrice doit être occupée, de manière privilégiée, par les sciences littéraires, sociales et anthropologiques pour plusieurs raisons:

- De manière générale, les politiques de développement ont donné la preuve que lorsqu'elles préfèrent la démagogie et l'aveuglement à l'analyse sereine scientifique des réalités présentes, les échecs s'offrent à elles comme l'éternel retour du même. Sur le plan du développement scientifique et technologique en particulier, il apparaît évident qu'on ne peut nourrir, en Afrique, des ambitions légitimes, en faisant l'économie d'une intelligence scientifique prospective des réalités présentes. Dans ce sens, il apparaît que les politiques scientifiques et technologiques peuvent négocier leur pragmatisme dans les choix sociaux structurels cohérents que le devenir impose, sur la base de la lecture du présent.
- L'improvisation qui caractérise négativement la tendance générale des politiques postcoloniales africaines est en réalité une marginalisation de l'intelligence prospective. Pour conjurer les échecs répétés, consécutifs à l'improvisation des programmes de développement en général, et du développement scientifico-technologique en particulier, les politiques africaines ont besoin de prêter attention aux directions du futur que les sciences littéraires, sociales et anthropologiques renouvellent constamment. Il n'y a que les sciences littéraires, sociales et anthropologiques qui prêtent sérieusement at-

tention au présent et à ses directions. Prêter sérieusement attention au présent et à ses directions n'est de manière privilégiée la chose des sciences littéraires, sociales et anthropologiques qu'en raison de l'écart épistémologique qu'elles entreposent entre elles et la démagogie, l'aveuglement, l'improvisation.

- Les sciences littéraires, sociales et anthropologiques sont mieux placées pour rendre compte, à partir des études des transformations sociales en cours, des orientations normatives et culturelles qu'appelle une civilisation des sciences et technologies puissantes. L'on veut dire que les études scientifiques des transformations sociales en Afrique contemporaine peuvent permettre de mesurer les potentiels épistémologiques créateurs des normes, des us et coutumes que sont la liberté d'esprit, la culture d'initiative (opposée du fatalisme et de l'assistantialisme), les symboles que sont les diplômes, les grades académiques, les prix de la recherche et autres distinctions honorifiques du travail intellectuel.

2.3 Pour une approche pluridimensionnelle: la philosophie et l'horizon des sciences

L'on peut convenir, à présent, du rôle élucidant de l'étude des mutations sociales dans les politiques africaines qui ambitionnent le progrès scientifique et technologique. Ce rôle élucidant, avons-nous constaté, consiste à comprendre des obligations sociales structurelles, normatives et culturelles, favorables aux sciences et technologies, rétrospectivement et prospectivement[287]. Il apparaît que les dettes structurelles et normatives que l'étude des mutations sociales peut révéler aux politiques des sciences et technologies sont légion et multidimensionnelles. La parcellarisation disciplinaire habituelle qui caractérise la sociologie, l'anthropologie, l'économie..., redevable à l'âge de la positivité, peut se révéler inefficiente dans l'ancrage du projet africain de développement scientifico-technologique dans sa mémoire et son horizon. Les sciences économiques, sociales, anthropologiques... ne sont pas à l'abri de la parcellarisation méthodologique et de l'émiettement de l'objet qui caractérisent

287 Approche que S. B. Diagne trouve incontournable dans l'intelligence des logiques de développement. *Cf. La culture du développement*, Dakar, Codesria, 1991, p. 1.

d'ailleurs toutes les sciences positives. Il y a objectivement une corrélation entre les formules réductionnistes de développement en général et l'éclatement du savoir sur les hommes et leurs sociétés. La propension africaine à faire de la politique de développement la simple gestion du quotidien des enjeux conjoncturels, s'accommode de théories de développement qui ne rendent compte que des aspects particuliers, isolés (données économiques, technologies…) des réalités sociales et humaines essentiellement complexes. La parcellarisation des théories du développement peut accompagner et entretenir la perte du sens du développement. Donc, ni la disponibilité du budget, ni celle de l'appareillage technique, ni celle du potentiel humain… ne s'auto-suffit pour réaliser les ambitions scientifiques et technologiques des pays en quête de développement. Ce que les études sur les mutations sociales doivent révéler aux politiques de développement ce n'est pas simplement des aspects singuliers que requièrent les programmes scientifiques et technologiques. On voit là les limites réelles des sciences sociales, dans leur particularisme, à élucider intégralement la mémoire et l'horizon des nouvelles traditions de savoir.

Les sciences littéraires, anthropologiques, sociales ne peuvent assumer l'élucidation du projet africain de développement scientifico-technologique qu'en restituant la mémoire et l'horizon de celui-ci comme authentiquement complexes. Le contexte favorable à la découverte et à l'innovation est un complexe de mesures économiques, politiques, juridiques, culturelles normatives.

La complexité de l'infrastructure et de la superstructure des sociétés engagées dans le projet de modernité peut réserver à la philosophie une position éminemment privilégiée dans l'élucidation de la mémoire et du projet des sciences et technologies. A l'ère de la rationalité éclatée (parcellaire ou spécialitaire), seuls des systèmes de pensée philosophique sont les savoirs qui postulent que «l'Un est complexe»[288], pour parler comme Edgar Morin. L'émiettement du réel ou la décomposition de l'unité du réel, que le développement positif et parcellarisant des sciences actuelles entretient, semble inviter la philosophie à nourrir la prétention d'occuper la position centrale dans ce que E. Morin appelle le «défi de la complexité[289]». Il est évident que la philosophie n'est pas en

288 E. Morin, *Méthode, T1 (Nature de la nature)*, Paris, Seuil, 1977, p. 144.
289 E. Morin, *Introduction à la pensée complexe*, Paris, E.S.F., 1990.

marge de la parcellarisation du discours sur le réel. Mais il ne demeure pas moins évident que la philosophie est le seul discours «scientifique» qui revendique encore l'impératif et le monopole de la question du sens, celle qui, en réalité, postule l'unité du réel pour l'homme. Le «comment?», question légitime de toute science positive (formelle, naturelle, sociale), n'autorise que des réponses partielles, des discours partiels. Le «pourquoi?» est moins une ambition à l'étude de la totalité de la réalité qu'une prétention à interroger le sens unifié et ultime de la réalité qui doit reconnaître aux discours philosophiques (à l'écoute des discours scientifiques) leur position sociale privilégiée dans l'élucidation de tout développement. L'avantage que peut offrir ainsi la philosophie dans l'élucidation de la mémoire et de l'horizon de tout développement réside dans sa capacité à s'éviter toute appréciation réductionniste de la réalité. Sans être un duplicata des discours singuliers des diverses sciences littéraires, sociales, anthropologiques, la philosophie peut nourrir la prétention de s'enrichir épistémologiquement de leurs approches respectives. Cet enrichissement, que les études philosophiques de la réalité peuvent devoir aux progrès des sciences de l'homme et de société, rend le postulat de la complexité de l'Un, parfaitement opératoire dans toute aventure de développement. Dans le contexte africain, une incarnation du postulat de la complexité de l'Un est que les discours politiques positivistes, qui ont réduit le transfert des technologies à ses simples aspects techniques, n'ont pas franchi leur pure fonction démagogique. L'approche pluridisciplinaire et multidimensionnelle, à laquelle la philosophie peut et doit s'identifier, de manière naturelle et privilégiée, donne aux politiques de développement de comprendre les sciences et les technologies comme des sous-systèmes d'une totalité culturelle et sociale. Mieux, l'approche philosophique, naturellement pluridimensionnelle – pluridisciplinaire – peut être une invitation des politiques à des appréciations plus ouvertes des infrastructures et superstructures, favorables aux sciences et technologies.

Au total, reconnaître les dettes des politiques «appropriées» des sciences et technologies envers les sciences littéraires humaines, sociales, philosophiques, c'est d'abord inviter à reconnaître la valeur créatrice des idées dans les grandes mutations sociales, historiques et leur devenir. Cela réside ensuite dans l'utilité de comprendre les mutations présentes en référence aux expériences passées et d'ailleurs. Cette dette réside enfin dans la nécessité de lire dans les mutations présentes, les directions, les sens de l'avenir ainsi que les obligations présentes envers eux. L'intelligence du présent, en référence aux expériences passées et d'ailleurs, et la lecture de l'avenir qu'elle autorise, doivent mettre, dans les nations africaines, les sciences littéraires, humaines, sociales, la philosophie et les sciences expérimentales et technologiques dans une même dynamique auto-créatrice du progrès. C'est pour dire qu'en reconnaissant et en réservant, à chacune de ces catégories de sciences, son statut social approprié, les politiques publiques de développement, dont les politiques de recherche sont une composante, seraient moins hasardeuses, mais plus cohérentes, autoréférentiées ou «autocentrées».

Conclusion

Une épistémologie de l'horizon des sciences, en Afrique contemporaine, doit prendre acte des épreuves que le travail intellectuel ou l'activité de recherche surmonte difficilement. Elle doit rester également attentive aux mutations sociales et culturelles, lentes, mais radicales, dont la science africaine actuelle est tout à la fois une composante et un facteur.

Le projet de la science moderne, dans ses aventures africaines, obéit aux particularités historiques et sociales de sa terre d'accueil. Pour cette raison, les épreuves et les velléités d'ouverture aux changements scientifiques et technologiques sont à la mesure de la dynamique de l'économie, de la politique, du statut du travail intellectuel dans les nations africaines.

Les épreuves économiques, politiques, technostructurelles qu'ont du mal à surmonter les velléités d'ouverture au projet de la science moderne, produisent et reproduisent une totalité sociale, en perpétuelle révision, dont la culture est la logique ou le sens dynamique.

La nature révisable des obstacles à l'«appropriation» ou à la «domestication» de la science justifie alors une récusation des illusions essentialistes qui ont dominé les théories sur le sous-développement, le développement scientifique et technologique. Les théories essentialistes sur les aventures non occidentales du projet de la science moderne, restent sous l'influence d'une conception de la culture, celle qu'a laissée en héritage la vieille foi au «great divide». On a montré suffisamment que cette thèse est empiriquement indéfendable. Des études, dont celles de B. Malinowski et de B. Latour, ont montré comment, aussi bien chez des peuples dits primitifs que des peuples pris pour civilisés, la logique cohabite avec l'irrationnel. Le modèle épistémologique qu'est la rationalité organique, holiste, est le propre des sociétés anciennes antiques et non une exclusivité de certaines régions du monde. Ecarter ces illusions essentialistes, revient à constater rigoureusement que les normes culturelles d'Afrique traditionnelle ne fonctionnent comme des obstacles aux traditions émergentes de la science moderne que conjoncturellement.

Le problème réel est que les normes culturelles, à l'image de la société, de l'économie, du droit, ont du mal à servir de rationalité, de sens, d'éthos aux nouvelles traditions de science. Le sous-développement scientifique et technologique n'est pas une fatalité. Les mutations qui caractérisent les sociétés contemporaines d'Afrique justifient une position épistémologique plus réaliste: le sous-développement de la science et le développement de la science sont les deux faces d'une même monnaie. C'est dans les mutations sociales et culturelles que provoque la réception caricaturale du projet de modernité, en Afrique, qu'on peut lire, prospectivement, les potentialités internes qui serviront d'ancrage aux traditions africaines de nouveaux savoirs et savoir-faire.

En se référant, alors, au projet de modernité, celui de la science moderne, il apparaît que c'est par sa capacité congénitale à innover infiniment et à faire irruption dans la société, l'histoire, la culture que le nouveau savoir montre partout qu'il a une part importante dans le processus de révision du sens du travail, de l'agir, du penser, du sentir, etc. Il y a aujourd'hui un primat fonctionnel du nouveau savoir dans la production économique, la décision politique, la morale, la culture.

Malgré l'affirmation, assez timorée, du primat fonctionnel du travail intellectuel dans les sociétés africaines, la transmutation, dont ces dernières sont l'objet, est fortement marquée par l'expansion de la modernité scientifique et technologique.

L'on voit que les divers aspects de la transmutation des sociétés africaines contemporaines, en rapport dialectique avec l'affirmation, au moins timorée, du primat fonctionnel de l'intelligence créatrice et inventive, se résument en une totalité culturelle, précisément une culture ouverte, c'est-à-dire révisable, de la science.

La réalité d'une transmutation culturelle des sociétés africaines à laquelle doit faire penser cette idée suppose une énième récusation des illusions essentialistes et positivistes que véhiculent les théories dominantes du développement. Les illusions positivistes des théories du changement social ont consisté à penser, qu'en Afrique, la réception de la modernité serait un décret qui réaliserait la destruction d'une africanité dont les contours seraient figés, au profit du transfert d'une culture-modèle de développement, perçue comme paradigme achevé, et donc prêt-à-porter. Ce qui est reproché au positivisme, essentialiste et mystificateur, ce n'est pas son appel à «la destruction des idoles traditionnelles» en tant que tel, mais sa propension à simplifier la complexité des changements qu'engendrent l'ouverture de la modernité et l'ouverture à la modernité. Le dépassement du positivisme dans la théorie du changement se fonde sur l'hétérogénéité et l'inachèvement des mutations culturelles telles que révélées par les incarnations variées de la modernité. Ce qu'il faut donc écarter ce sont les dérives substantialistes, pour nous exprimer comme J.-P. Olivier de Sardan, qui laissent l'impression qu'elles réduisent la richesse et la complexité des mutations paradigmatiques des sociétés africaines à la nécessité d'un transfert d'acquis culturels, prêt-à-porter.

Les normes culturelles, plurielles, hétérogènes, inachevées qui indiquent qu'elles sont aptes à être en symbiose avec la logique des nouveaux savoirs et savoir-faire semblent se conjuguer en une rationalisation de la conscience, c'est-à-dire un développement de plus en plus accru d'attitudes intellectuelles favorables à la création et à l'invention.

Cette rationalisation est l'affirmation timide, mais de plus en plus accrue, de la démarcation entre les attitudes intellectuelles. La rationalisation peut traduire cette évolution contemporaine des sociétés africaines où se renforce la démarcation entre l'ordre d'explication immanente et les autres manières de percevoir la réalité. L'état d'esprit panthéiste se déconstruit au profit d'une évolution mentale collective lente, favorable à l'explication immanente des faits, à la vérité des faits. Cette véritable réforme de l'esprit scientifique semble se renforcer dans les sociétés africaines contemporaines, grâce non seulement à l'évolution rapide des processus de scolarisation, mais également, à l'information et à la communication.

La transparence des faits à la conscience de l'homme, qui est la conséquence de la démarcation entre les ordres d'explication des faits, est une réforme psychologique favorable à l'invention et à la création. Car la transparence des faits soustrait l'homme à un état d'esprit fataliste et assistantialiste. Pour se soustraire au fatalisme et à l'assistantialisme nouveaux, où les rôles des dieux sont désormais remplis par les nations développées du Nord, il n'y a, pour les nations en quête de développement, que l'alternative de l'invention et de la création. Car l'invention et la création incarnent, dans la vie collective et privée, la découverte par l'homme, de sa propre responsabilité dans les défis à relever.

Ce véritable procès des normes et cultures, pour être favorable à l'émergence de nouvelles traditions africaines de science, doit être entretenu par des politiques appropriées d'ouverture au projet de modernité.

L'expression politique appropriée invite à une élucidation épistémologique des postulats d'une politique viable de la recherche dont la société africaine, ses mutations, ses potentialités sont les références légitimantes.

Un des postulats pour des politiques pragmatiques, autoréférentiées de la recherche en Afrique, c'est l'exigence d'une rationalité politique autre, celle de toute ambition de développement. Les expériences des traditions émergentes de nouveaux savoirs dans les sociétés contemporaines d'Afrique ont montré qu'elles ne peuvent prospérer dans les formes politiques aliénées et qui ont aliéné le développement social dans son ensemble.

Un autre postulat lié à ce premier est la valeur pragmatique de l'impératif de politiques publiques en faveur de la recherche. Ce deuxième postulat repose d'abord sur la place réelle d'une politique publique dans les ambitions nationales de développement de la science. Malgré l'importance indéniable des sociétés capitalistes dans l'entreprise scientifico-technologique, il n'est pas moins vrai que, dans les nations dites développées, la recherche demeure «une affaire d'une énorme importance nationale». C'est dire que l'existence d'un soutien non public (coopération) à la recherche ne peut justifier en Afrique que les politiques publiques évitent d'assumer pleinement leurs responsabilités dans les intérêts et les dynamiques de la production scientifique ou intellectuelle. Les politiques publiques incarnent l'orientation globale de tout développement et donc du développement de la recherche. Au fond, c'est en considérant la recherche comme une affaire d'Etat que les politiques africaines peuvent recentrer leurs ambitions scientifiques sur leur volonté et projet d'affirmation, sur les intérêts nationaux, sur leur propre potentiel de développement. Tout en reconnaissant toute la part des soutiens non publics à l'entreprise de la science, l'on doit souligner que seule une politique publique peut rendre la recherche aussi autocentrée qu'ouverte.

Cela signifie d'une part que l'efficience d'une politique nationale de recherche peut résider dans le fait qu'elle s'inscrive dans le sillage des ambitions de modernisation ou de progrès de l'Etat. La recherche africaine ne peut être une réalité si l'ambition de modernisation de l'Etat ne reconnaît pas aux sciences, aux mécanismes sociaux de leur production, leur primat fonctionnel. Les mécanismes sociaux de la production intellectuelle, malgré leur singularité, sont une extension des mécanismes généraux de la reproduction de l'Etat (droit, liberté, régime politique…).

Cela signifie d'autre part que seules des politiques économiques volontaristes autocentrées peuvent mettre en valeur les offres intellectuelles. Autrement dit, le développement des sciences et technologies, ou de la recherche, ne peut s'isoler d'une politique souveraine de développement économique (industriel, agro-pastoral...).

Cela signifie donc en gros que l'impératif africain de politique publique favorable à la recherche doit reposer sur les ambitions de progrès des Etats, de modernisation des capacités productives. Les politiques autocentrées ou endogènes de science auxquelles cela correspond ne peuvent se passer d'un autre postulat: l'élucidation des référentiels idéologiques que les projets de développement scientifique doivent à la médiation des arts, des lettres, des sciences de l'homme et de société... de la philosophie. Ce postulat répond à la nécessité d'ancrer le développement scientifique dans des utopies concrètes: sa mémoire (repères rétrospectifs) et son horizon (repères prospectifs).

D'abord, c'est par la médiation des arts, des lettres et des sciences qui ont pour objets l'homme et la société, que les programmes de développement de la recherche peuvent reposer sur des utopies concrètes ou «visions [à plus ou moins] long terme de la réalité». L'effort public d'accompagnement de la recherche doit éviter d'être l'émanation d'initiatives improvisées, pour être de véritables projets de société, respectueux de la durée.

Ensuite cette position médiatrice des sciences de l'homme et de société réside dans le fait que les programmes de renaissance scientifique doivent avoir en mémoire les modèles politiques, économiques, culturels qui leur sont plus ou moins favorables.

Enfin, cette position médiatrice des sciences de l'homme et de société réside dans la capacité de celles-ci à entrevoir prospectivement les horizons des programmes de développement des sciences à partir des mutations en cours.

La médiation des sciences de l'homme et de la société, dans le recentrage des politiques africaines de science sur l'autoposition du sujet, ne remplit sa fonction épistémologico-pragmatique qu'en étant une approche pluridisciplinaire. A ce titre, la complexité de l'infrastructure et de la superstructure de la modernisation scientifique confère à la philosophie, en tant qu'approche totale de la réalité, une place privilégiée.

Au bout du compte, il faut penser que le sous-développement de la recherche n'est pas une fatalité, et en induire que l'horizon des traditions émergentes de la science, en Afrique, s'apprécie à partir des mutations (ou transmutations), des réformes (ou révolutions) infrastructurelles et superstructuelles de la totalité sociale. Il faut socialement, c'est-à-dire politiquement, économiquement… culturellement, choisir de se développer intégralement pour développer les sciences en Afrique.

Bibliographie: ouvrages consultés et/ou cités

Aguessy Honorat, «Rôle et statut du chercheur scientifique en Afrique», in *La science et la technologie dans les pays en développement: pour une renaissance scientifique de l'Afrique*, Dakar, ACS, 1992, pp. 38-58.

Akakpo Yaovi, *Inculturation des sciences et techniques. A partir de la sociologie de quelques laboratoires pauvres*, Thèse de 3ème cycle soutenue à l'Université de Dakar, Dakar, 1993.

Almeida-topor (d') Hélène, *L'Afrique au XXè siècle*, Paris, Armand Collin, 1993.

Amin Samir, *La Déconnexion. Pour sortir du système mondial*, Paris, La Découverte, 1986.

Anonyme, *Philosophie école même combat*, Actes de Colloque, Paris, PUF, 1984.

Anonyme, *Défis au Sud: Rapport de la commission sud*, Paris, Economica, 1990.

Anonyme, *Rapport des Journées d'Etude du Conseil Scientifique du Technopole de Dakar*, Séminaire de Savana-Saly, 16-17 mai 1992, document inédit.

Anonyme, *Manuel de législation et d'administration scolaire*, Lomé, Bibliothèque de l'INSE, inédit.

Anonyme, *Les libertés intellectuelles en Afrique*, Dakar, Codesria, 1995.

Anonyme, *Catalogue du Deuxième salon africain de l'Invention et de l'Innovation technologique*, Lomé, Décembre 2000, inédit.

Anonyme, *Le Nord-Togo en 1908/1909 selon Leo Frobenius*, Lomé et Paris, co-publié par les éditions Haho, Presses de l'UL, Karthala, 2002.

Aron Raymond, *Les désillusions du progrès: Essai sur la dialectique de la modernité*, Paris, Calmann-Lévy, 1969.

Arvanitis R. et Bardini T., «Le rôle de l'ingénieur agronome dans la situation politique de l'agriculture vénézuélienne: 1936-1948» in *Cahier des Sciences Humaines,* Paris, 1990, pp. 429-446.

Atagana Nicolas, *Problématique du développement en Afrique tropicale*, Yaoundé, Clé, 1978.

Atlan Henri, *A tort et à raison: intercritique de la science et du mythe*, Paris, Seuil, 1986.

Aupelf-Uref, *Francophonie scientifique. Le tournant*, Paris, éd. John Libbey Eurotext, 1989.

Aupelf-Uref, *Assises francophones de la recherche*, Montréal, éd. AUPELF-UREF, 1994.

Bâ A. Hampaté, *Aspects de la civilisation africaine*, Paris, Présence Africaine, 1972.

Bachelard Gaston, *La Formation de l'esprit scientifique*, Paris, Vrin, 1938.

Bachelard Gaston, *Le nouvel esprit scientifique*, Paris, PUF, 1934.

Bacon Francis, *New Atlantis*, London, Edition Oxford, 1924.

BAD, *Rapport sur le développement en Afrique 1999*, Paris, Economica, 1999.

Barel Y. et Malein P., «Y a-t-il une profession de chercheur?», *La Recherche,* n° 39, 1973, pp. 333-338.

Beiser Germaine, *La gravitation universelle de Copernic à Einstein*, Nouveaux Horizons, 1975.
Bernard H.R. et Pelto P.J., *Le choc technologique: quand les sociétés traditionnelles se modernisent...*, Tendances actuelles, 1975.
Besançon Alain, *Le Tsarévitch immolé*, Paris, Plon, 1967.
Binde Jérôme (sous dir.), *Où vont les valeurs?*, Paris, Unesco/Albin Michel, 2004.
Birnbaume Pierre, *La logique de l'Etat*, Paris, Fayard, 1992.
Boudon Raymond, *Les méthodes en sociologie*, Paris, PUF, 1969.
Boudon Raymond, *Effets pervers et ordre social*, Paris, PUF (2ème édition).
Bourdieu Pierre, «Le champ scientifique», *Actes de la recherche en sciences sociales*, n°2 et 3, Juin 1975, pp. 88-104.
Breton Philippe, *Histoire de l'Informatique*, Paris, La Découverte, 1987.
Burnier Michel et Lacroix Guy, *Les Technopoles*, Paris, PUF, 1996.
Callon Michel (sous dir.), *La Science et ses réseaux: genèse et circulation des faits scientifiques*, Paris, La Découverte, 1988.
Callon M. et Latour B. (sous dir.), *La science telle qu'elle se fait*, Paris, La Découverte, 1991.
Chateauraynaud Francis, «Forces et faiblesses de la nouvelle anthropologie des sciences», *Critique*, n° 529-530, 1991, pp. 459-478.
Chazelas Victor, *Les territoires africains sous mandat de la France*, Paris, S.E. G. M.C., 1931.
Conférence Episcopale Burkina-Niger, *Actes du Congrès National de Bioéthique*, Ouagadougou, 1999.
Comte Auguste, *Discours sur l'esprit positif*, Paris, UGE, 10/18, 1963.
Crowther J. G., *Statesmen of science*, London, Cresset Press, 1952.
DAAS, *Financement et gestion des établissements d'enseignement supérieur en Afrique: le cas de l'Université du Bénin (LOME-TOGO)*, Lomé, Presses de l'UB, 1999.
Demain Claire, «Université Catholique de Louvain: relation industrie-université et parc-scientifique», in *Assises francophones de la recherche*, Montréal, AUPEL-UREF, 1994, pp. 133-137.
Descartes René, *Le Discours de la méthode*, Paris, Flammarion, 1986.
Diagne Souleymane Bachir, «Expliquer le monde, rêver le monde», *Epistémè*, n°1, Dakar, 1990, pp. 69-76.
Diagne Souleymane Bachir, «Pour la création de centres d'histoire, philosophie et sociologie des sciences et techniques dans les universités du Sud», *Korè* n°26, Abidjan, 1990, pp. 3-8.
Diagne Souleymane Bachir (sous dir. de), *La culture du développement*, Dakar, Codesria, 1991.
Diagne S. B. et Kimmerle H. (sous dir.), *Temps et développement: dans la pensée de l'Afrique subsaharienne*, Amsterdam, 1998.
Diagne Mamoussé, «Contribution à une critique du principe des paradigmes dominants», in Ki-Zerbo J., *La natte des autres*, Dakar, Codesria, 1992, pp. 109-119.
Diakité Sidiki, *Violence technologique et développement, la question africaine du développement*, Paris, L'Harmattan, 1985.

Diouf M. et Mamdani M. (sous dir de), *Liberté académique en Afrique*, Dakar, Codesria, 1994.
Djebbar Ahmed, *Une histoire de la science arabe*, Paris, Seuil, 2001.
Donko Yawo Vinyo, *L'exigence d'une culture de Développement en Afrique*, mémoire de maîtrise, Lomé, 1999, inédit.
DRS-UB, *Répertoire des enseignants chercheurs de l'Université du Bénin* (version provisoire de mai 1998), Lomé, Imprimerie de l'Horizon, 1998.
DRS-UB, *Rapport succinct sur la Recherche scientifique à l'Université du Bénin*, 1999, document inédit.
Ducasse Pierre, *Les Grandes philosophies*, Paris, PUF, 1978.
Durkheim Emile, *Les règles de la méthode sociologique*, Paris, Librairie Alcan, 1912.
Eboussi Boulaga, *La crise du muntu. Authenticité et philosophie*, Paris, Présence africaine, 1977.
Eboussi Boulaga, *Les conférences nationales en Afrique noire. Une Affaire à suivre...*, Paris, Karthala, 1994.
Eboussi Boulaga, «Intellectuels, nationalisme et idéal panafricain», *Mosaïque* n°1, Lomé, 2003, pp. 4-20.
Ela Jean-Marc, *La ville en Afrique noire*, Paris, Karthala, 1983.
Ela Jean-Marc, *Restituer l'histoire aux sociétés africaines. Promouvoir les sciences sociales en Afrique noire*, Paris, L'Harmattan, 1994.
Emmanuel Arghiri, *Technologie appropriée ou technologie sous-développée?*, Paris, Publications de l'IRM.
Eseimon T. O., «The implantation of Science in Nigeria and Kenya», *Minerva* 12(4), 1979, pp. 504-526.
Eseimon T. O., *The Science profession in the third world*, Praeger, 1982.
Esoavelomandroso Manassé, «Etre chercheur au sud: un point de vue de Madagascar», in *Assises francophones de la recherche*, Montréal, AUPELF- UREF, 1994, pp. 247-251.
Foucault Michel, *La volonté de savoir, Histoire de la sexualité*, Paris, Gallimard, 1976.
Freidman Georges, *La puissance et la sagesse*, Paris, Gallimard, 1970.
Fukuyama Francis, *La fin de l'Histoire et de Dernier Homme*, Paris, Flammarion, 1992.
Gaillard Jacques, «Les chercheurs des pays en Développement», dossier publié in *La Recherche,* Vol 18, n° 189, 1987, pp. 860-870.
Gaillard Jacques, *Les chercheurs des pays en développement*, Paris, Editions de l'ORSTOM, 1988.
Gaillard Jacques, *La Coopération scientifique avec les pays du Sud: Peut-on partager la science?*, Paris, Karthala, 1999.
Gayibor N. Lodjou (sous dir.), *Histoire des Togolais, vol.1: des origines à 1884*, Lomé, Presses de l'UB, 1977.
Gayibor N. Lodjou, *Le Togo sous domination coloniale*, Lomé, Presses de l'UB, 1997.
Gal Roger, *Histoire de l'éducation*, Paris, PUF, 1987.
General Maroix, *Le Togo, pays d'influence française*, La Rose Editeur, 1938.
Gilli Bruno, *Naissances humaines ou divines? Analyse de certains types de naissances attribuées au Vodu*, Lomé, Haho, 1997.
Gorz André, *Adieu au prolétariat*, Galilée, 1980.

Goudineau Yves, «Etre excellent sans être pur. Potentiel technologique et pouvoir technocratique à Singapour», *Cahier des Sciences Humaines*, Paris, 1990, pp. 379-405.
Griaule Marcel, *Dieu d'eau*, Paris, Fayard, 1966.
Guissé Y. Mbargane, *Philosophie, culture et devenir social en Afrique Noire*, Dakar, NEA, 1979.
Gumedzoe Mawuena, «L'état de la recherche à l'Université de Lomé», *Campus Actualités. Journal d'information de l'Université de Lomé,* n° 14, Lomé, Janvier 2008, pp. 9-19.
Gusdorf Georges, *Introduction aux sciences humaines. Essai critique sur leurs origines et leur développement*, Paris, éd. Ophrys, 1974.
Habermas Jürgen, *La technique et la science comme idéologie*, Paris, Denoël, 1976.
Habermas Jürgen, «La modernité, un projet inachevé», *Critiques*, N°413 d'octobre 1981, pp. 950-967.
Habermas Jürgen, *Connaissance et intérêt*, Paris, Gallimard, 1976.
Habermas Jürgen, *Après Marx*, Paris, Fayard, 1985.
Habermas Jürgen, *Le discours philosophique de la modernité: Douze conférences*, Paris, Fayard, 1988.
Habermas Jürgen, *Ecrits politiques. Culture, droit, histoire*, Paris, Cerf, 1990.
Hegel G.W.F., *Principes de la philosophie du droit*, Paris, Gallimard, 1940.
Hegel G.W.F., *La phénoménologie de l'esprit*, Tome1, Paris, Aubier Montaine, 1941.
Hegel G.W.F., *La Raison dans l'Histoire*, Paris, UGE, Coll.10/18, 1965.
Hobbes Thomas, *Léviathan*, Paris, Sirey, 1971.
Horkheimer Max, *Théorie traditionnelle et théorie critique*, Paris, Gallimard, 1974.
Hottois Gilbert, «Ethique et Technoscience: entre Humanisme et Evolutionnisme», in *Science et Ethique: Connaissance du réel,* Publication annuelle, Bruxelles, éd. de l'Université de Bruxelles, 1987, pp. 7-17.
Hountondji J. Paulin, «La culture scientifique dans les pays de la Périphérie», in *Culture pour tous et pour tous les temps,* Paris, UNESCO, 1984, pp. 65-78.
Hountondji J. Paulin, «Recherche et extraversion: élément pour une sociologie de la science dans les pays de la périphérie», in *Afrique et Développement,* Dakar, Codesria, 1988, pp. 149-158.
Hountondji J. Paulin, «L'appropriation collective du savoir: tâche nouvelle pour une politique scientifique», *Genève-Afrique* XXVI, 1, Genève, 1988, pp. 49-66.
Hountondji J. Paulin, *Les savoirs endogènes, pistes pour une recherche*, Dakar, Codesria, 1994.
Hountondji J. Paulin, *Combats pour le sens. Un itinéraire africain*, Cotonou, éd. du Flamboyant, 1997.
Husserl Edmond, *La Crise des sciences européennes et la Phénoménologie transcendante*, Paris, Gallimard, 1976.
ISNAR, *La Recherche agronomique et zootechnique en Haute-Volta*, Rapport d'une mission de la Banque mondiale /FAO/ISNAR, 1983.
Jalée Pierre, *Le pillage du tiers monde*, Paris, Maspéro, 1965.
Jalée Pierre, *L'impérialisme en 1970*, Paris, Maspéro, 1969.
Jalée Pierre, *Le tiers monde en chiffres*, Paris, Maspéro, 1971.
Jean-Paul II, *La Splendeur de la vérité*, Paris, éd. Mame/Plon, 1993.

Kabou Axelle, *Et si l'Afrique refusait le développement?*, Paris, L'Harmattan, 1991.

Kane Abdoulaye, «Le concept de révolution chez Marx et la signification des modèles technologiques», *Revue Sénégalaise de Philosophie*, Dakar, 1987, pp. 23-31.

Komlan Asri, *Contribution des sociétés missionnaires allemandes à la naissance d'une littérature écrite eve*, Mémoire de Maîtrise, Lomé, inédit.

Kouassigan Guy-Adjété, *L'homme et la terre: droits fonciers coutumiers et droit de propriété en Afrique Occidentale*, Paris, ORSTOM, 1966.

Koyré Alexandre, *Etude d'Histoire de la pensée scientifique*, Paris, PUF, 1966.

Koyré Alexandre, *Du monde de clos à l'univers infini*, Paris, Gallimard, 1973.

Kuhn Thomas, *La structure des révolutions scientifiques*, Paris, Flammarion, 1983.

Ladrière Jean, *Qu'est-ce que vouloir?*, Paris, Cerf, 1958.

La Faye Claudette, *Société de l'organisation*, Paris, Nathan, 1996.

Lame (de) D. et Zabus C. (sous dir.), *Changements au féminin en Afrique noire. Anthropologie et littérature*, vol 1, Paris, L'Harmattan.

Latour Bruno et Woolgar Steve, *La vie de laboratoire, la production des faits scientifiques*, Paris, La Découverte, 1988.

Latour Bruno, *La Science en action*, Paris, La Découverte, 1989.

Latour Bruno, *Nous n'avons jamais été modernes: (Essai d'anthropologie symétrique)*, Paris, La Découverte, 1991.

Lazega Emmanuel, «Analyse de réseaux et sociologie des organisations», *Revue française de sociologie*, XXXV, 1994, pp. 293-320.

Leborgne-Tachiri Claudine, *Université et Nouvelles Technologies en Afrique de l'Ouest francophone: passé, présent et avenir*, Dakar, Breda, 2002.

Lefebvre Henri, *Pour connaître la pensée de Karl Marx*, Paris, Bordas, 1966.

Lehmann Henri, *Les civilisations précolombiennes*, Paris, PUF, 1953.

Lemaine Gérard et al., «La lutte pour la vie dans la communauté scientifique», *Revue Française de sociologie*, n°10, 1969, pp. 139-165.

Lemaine Gérard et al, *Stratégies et choix dans la recherche. A propos des travaux sur le sommeil*, Paris, Mouton, 1977.

Lemaine Gérard et al, *Noopolis. Les laboratoires de recherche fondamentale: de l'atelier à l'Usine*, Paris, éd. du CNRS, 1982.

Lemaine G. et Lecuyer B.P. et al, *Les voies du succès*, Paris, G.E.R.S., 1973.

Lesourne Jacques, *Les mille sentiers de l'avenir*, Paris, Seghers, 1981.

Lévy-Bruhl Lucien, *Les fonctions mentales dans les sociétés inférieures*, Paris, PUF, 1951.

Lévy-Bruhl Lucien, *La mentalité primitive*, Paris, PUF, 1960.

Löwy Michael, *Pour une sociologie des intellectuels révolutionnaires. L'évolution politique de Lukacs 1909-1929*, Paris, UGE, 10/18, 1963.

Lucrèce, *De la nature*, Paris, Flammarion, 1964.

Lyotard Jean-François, *La condition postmoderne*, Paris, Minuit, 1979.

Malinowski Bronislaw, *Les Argonautes du Pacifique occidental*, Paris, Gallimard, 1963.

Maine De Biran, *Rapports de l'idéologie et des mathématiques*, Œuvres, III.

Marx Karl, *Principes d'une Critique de l'Economie politique*, Œuvres, tome 2, Paris, La Pléiade, 1968.

Marx Karl, *Contribution à la critique de l'économie politique*, Moscou, Editions du Progrès, 1981.
Marx K. et Engels F., *L'Idéologie allemande*, Paris, Editions Sociales, 1972.
Marcuse Herbert, *L'Homme unidimensionnel*, Paris, Minuit, 1968.
Mbembe Achille, «Etat, violence et accumulation – leçons d'Afrique», *Foi et Développement*, n°s 164/165, Paris, 1988, pp. 1-18.
Merton R. King, «La science et l'Evangile selon Saint Mathieu. Etudes des systèmes de récompense et de communication dans le domaine de la science», *Le Progrès scientifique*, n° 136, 1969, pp. 16-39.
Ministère de l'Education Nationale, *La Réforme de l'Enseignement au Togo* (forme condensée), Lomé, 1975.
Moravcsik. J. Michael, *Science development: The Building of science in Less Developed countries*, Indiana, Bloomington, 1976.
Morin Edgar, *Méthode, T1 (la nature de la nature)*, Paris, Seuil, 1977.
Morin Edgar, *Introduction à la pensée complexe*, Paris, E.S.F., 1990.
Nakoulima Pierre, «La mystification du développement», *Mosaïque* n°1, Lomé, 2003, pp. 103-115.
Ndaw Alassane, *La pensée africaine. Recherches sur les fondements de la pensée négro-africaine*, Dakar, NEA, 1983.
Needham Joseph, *La science chinoise et l'Occident*, Paris, Seuil, 2001.
Nkrumah Kwame, *Consciencisme. Philosophie et idéologie avec une référence particulière à la révolution africaine*, Paris, Payot, 1964.
Nkrumah Kwame, *Neocolonialism, the last stage of imperialism*, London, Nelson, 1965.
Nkrumah Kwame, *La Lutte des classes en Afrique*, Paris, Présence Africaine, 1972.
Niang Mamadou, «Université et Développement», in *Science et Technologie dans les pays en développement: pour une renaissance scientifique de l'Afrique*, Dakar, ACS, 1992, pp. 17-27.
Nyamadzi K.G. Felix, *Culte et Rite de Togbuizikpui et des ancêtres chez les Ewe du Sud-est du Ghana*, Mémoire soutenu à l'ISPSH de Lomé, 2002.
OAPI, *Deuxième salon africain de l'invention et de l'innovation technologique*, Lomé, 1er-10 décembre 2000, éd. catalogue.
OAPI, *Bulletin officiel de la Propriété intellectuelle*, n°2, 1999.
OAPI, *Décision portant subvention en matière de brevets d'invention*, 2001, document inédit.
ONU, *Programme d'Action de Vienne pour la Science et la Technique au service du développement,* New-York, 1980.
Orth C., «The optimum climate for industrial Research», *Harvard Business Review*, n° 37, Havard, 1959, pp. 55-64.
OUA, *Plan d'Action de Lagos pour le développement économique de l'Afrique: 1980-2000,* Genève, Institut international d'Etudes sociales, 1982.
Pechoux Laurent, *Mandat français sur le Togo*, thèse de droit, Dijon, Ed. E. Pedone, 1939.
Perrin Jacques, *Les transferts de technologie*, Paris, La Découverte/ Maspéro, 1983.
Price Derek J. de Solla, *Little science, big science*, New-York, Columbia University Press, 1965.

Renan Ernest, *L'avenir de la science*, Paris, Calman-Lévy, 1890.
Redor Dominique, *La multinationalisation des entreprises,* Paris, Hâtier, 1981.
Salomon Jean-Jacques, *Prométhée empêtré. La résistance au changement technique,* Paris, Anthropos, 1984.
Salomon Jean-Jacques, *Science et Politique*, Paris, Economica, 1989.
Salomon Jean-Jacques, *Le destin technologique*, Paris, Gallimard, 1992.
Salomon J.-J. et Lebeau A., *L'écrivain public et l'ordinateur, Les Mirages du développement*, Paris, Hachette, 1988.
Sardan (de) Jean-Pierre Olivier, *Anthropologie et développement, essai en socio-anthropologie du changement social*, Paris, Karthala, 1995.
Semionov Nicolaï, *Science et Société*, Moscou, Ed. du Progrès, 1981.
Serres Michel, *La naissance de la physique dans le texte de Lucrèce*, Paris, Minuit, 1977.
Thomas Louis Vincent, *La terre africaine et ses religions*, Paris, Larousse, 1975.
Toulmin Stephen, *Cosmopolis. The Hidden Agenda of modernity*, New-York, Free Press, 1990.
Touraine Alain, *Critique de la modernité*, Paris, Fayard, 1992.
Towa Marcien, *Essai sur la problématique philosophique dans l'Afrique actuelle*, Yaoundé, Clé, 1971.
Towa Marcien, *L'idée d'une philosophie négro-africaine*, Yaoundé, Clé, 1979.
Tshiyembe Mwayila, *Etat multinational et démocratie en Afrique, Sociologie de la renaissance politique*, Paris, L'Harmattan, 2001.
UB, *Campus-actualités*, n°1, Lomé, 1998.
UB, *Université du Bénin de 1970 à 1995*, Lomé, Presses de l'UB, 1996.
UB, *Université du Bénin de 1970 à 2000*, Lomé, Presses de l'UB, 2001.
UNESCO, *Rapport de synthèse du séminaire des recteurs sur la restructuration des Universités africaines*, Dakar, 1992. Avec discours et communications en annexe.
Volkov N. et Zimenkov R., *Le Néocolonialisme technologique*, Moscou, Ed. du Progrès, 1986.
Weber Max, *L'éthique protestante et l'esprit du capitalisme*, Paris, Plon, 1964.
Weber Max, *Economie et société*, Paris, Plon, 1971.
Weber Max, *Essais sur la théorie de la Science*, Paris, éd. Plon, 1992.
Weber Max, *Le Savant et le Politique*, Paris, UGE, 1959.
Winter Gérard, *L'impatience des pauvres*, Paris, PUF, 2002.
Zahan Dominique, *Religion, spiritualité et pensée africaine,* Paris, Payot, 1970.
Zénati F., «Pour une révision de la théorie de la propriété», *Revue trimestrielle de droit civil,* n°2 Dalloz, Paris, Avril-juin 1993, pp. 305-323.
Zukerman Harriet, «Sociology of science», in Smelser Neil (Ed.), *Handbook of sociology,* London, Sages publications, 1998, pp. 511-574.

Index des noms d'auteur

Index des notions

FSC
www.fsc.org
MIX
Papier | Fördert
gute Waldnutzung
FSC® C083411

Kolibri 360 GmbH
Ferdinand-Jühlke-Straße 7
99095 Erfurt, Deutschland
produktsicherheit@kolibri360.de